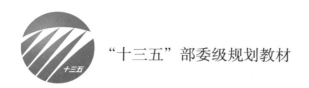

"十三五"部委级规划教材

服装色彩与图案设计

（第2版）

赵亚杰　主　编

暴　巍　副主编

U0286133

中国纺织出版社有限公司

内 容 提 要

本书是服装高等教育实用型专业基础课教材。教材在编写过程中充分考虑到服装专业学生的能力及特点，按照从基础篇、技能篇、应用篇到赏析篇顺序介绍。基础篇着重对服饰色彩与服饰图案进行综合概述；技能篇中通过对色彩与图案知识的认知，进行相关技能与方法的训练，从而使学生掌握一定的服装设计的搭配能力以及图案造型能力；应用篇对于服装行业类型下的休闲装、职业装、礼服以及童装的分类特点、款式特征、配色原则、图案设计把握、装饰工艺表现等，均有较为深入的介绍；赏析篇通过完整的课堂实践创作，从色彩到图案在成衣设计制作中的案例展现，将理论与实践融会贯通。使学生对阶段基础课程的学习，有完整、宏观的设计流程感受，强化在生活中发现美的能力，并将美的元素进行分析提炼，最终运用到创新设计作品中，通过作品表达内心感受的能力。

本书适用于高等教育院校的服装专业师生使用，同时也是服装爱好者的参考指南。

图书在版编目（CIP）数据

服装色彩与图案设计 / 赵亚杰主编 . --2 版 . -- 北京：中国纺织出版社有限公司，2020.5 （2024.3重印）

"十三五"部委级规划教材

ISBN 978-7-5180-7252-1

Ⅰ.①服 …　Ⅱ.①赵 …　Ⅲ.①服装色彩—设计—高等学校—教材 ②服装设计—图案设计—高等学校—教材 Ⅳ.① TS941

中国版本图书馆 CIP 数据核字（2020）第 049877 号

责任编辑：宗　静　　特约编辑：曹昌虹
责任校对：寇晨晨　　责任印制：何　建

中国纺织出版社有限公司出版发行
地址：北京市朝阳区百子湾东里A407号楼　邮政编码：100124
销售电话：010 — 67004422　传真：010 — 87155801
http://www.c-textilep.com
中国纺织出版社天猫旗舰店
官方微博http://www.weibo.com/2119887771
北京通天印刷有限责任公司印刷　各地新华书店经销
2013 年 6 月第 1 版　2020 年 5 月第 2 版　2024 年 3 月第 5 次印刷
开本：787×1092　1/16　印张：8.5
字数：100千字　定价：59.80元

凡购本书，如有缺页、倒页、脱页，由本社图书营销中心调换

第2版前言

　　本书是针对服装高等教育的发展与需求，组织编写的专业基础课教材。为满足服装与服饰艺术设计行业对专业人才的培养，高校服装教育开设的色彩设计与图案设计是服装与服饰艺术设计类专业必修的基础课。它们对于培养学生的审美能力和图形表现能力具有重要的作用与意义，同时为后续进一步的专业创思设计课程以及创意实践类课程，打下良好的色彩搭配及图案美学专业基础。一般基础教材都是将服装色彩设计与服饰图案设计分开编写，本教材针对服装高等教育的需要，将色彩基础知识与图案实践应用相结合，并以独具特色、完整真实的服装与服饰设计创思实践案例，提炼知识点有针对性地进行作品呈现与评价分析。使得学生在学习过程中，把握本专业环节在总体设计过程中发挥的承上启下的作用。科学的从专业课程实际需要出发，编写成一本涵盖两门基础学类课程的综合实践性强的教材。

　　教材由浅入深地将基础理论知识结合形式美学的设计方法，运用到服装服饰设计领域。训练学生更好地将色彩设计与图案设计，应用在服装服饰设计创思中。为凸显独特个性与产品风格，使服饰设计整体效果具有更高的审美性与优良的文化内涵，打造建设有高阶性、创新性、挑战度的具有"金课"性质的基础实践类型课程为专业学习服务。依靠科学的理念与方法，展开有内涵、结构清晰的基础性教学研究。

　　笔者在编写本教材的过程中，查阅了大量的国内外相关色彩与图案设计文献；浏览查阅大量最新的国内外优秀的品牌与设计师作品，提炼整理最新的服装色彩与图案设计图片资料；收录大量优秀的国内外丰富的色彩搭配和各种类型的图案作品，结合教学成果展现学生优秀的课堂作业练习、业余创作及符合服装色彩与图案应用实践的优秀设计作品。使本教材的内容饱满、丰富充实，可作为服装服饰艺术设计类专业的课程讲授与参考资料。

本教材具有针对专业领域进一步突出实用性强的特点；攫取传统艺术文化精华，围绕创新设计思维；注重专业理论基础上的创意实践，强化专业意识的科学逻辑梳理，加强基础练习与创意实践案例结合等特点。书中理论知识专业具体、概念清晰、具有较强的指导作用。图片部分选用大量知名时装品牌发布会图片，细节清晰，指向性明确，是一个介绍服饰图案及相关知识较为全面的教材。对于服装设计专业人员和广大爱好者也具有较高的参考价值。

本教材以赵亚杰为主编，并负责全书的统稿和定稿工作。教材内容共四章，具体编写分工如下：第一章第一节服装色彩概述由北京工业大学赵亚杰、北京服装学院暴巍、河北农业大学臧蕊编写，第二节服装图案概论由北京工业大学赵亚杰、北京服装学院暴巍、河北农业大学孙兰芳、臧蕊编写；第二章第一节由北京工业大学赵亚杰、北京服装学院暴巍、河北农业大学孙兰芳编写；第三章、第四章由北京工业大学赵亚杰编写。

本教材在编写的过程中得到了很多老师及朋友的帮助，他们给出或提供了有益的专业建议及优秀作品，尤其是中国纺织出版社有限公司及责任编辑给予了大力支持，在此一并表示由衷感谢。同时恳请艺术设计界同行及广大读者多提宝贵意见，以使此书得到不断地完善。

编者于北京
2019年8月

第1版前言

    本书是针对服装中职教育编写的专业基础课教材。服装色彩设计与图案设计是服装专业类学生必修的基础课，对于培养学生的审美和造型能力具有重要的意义，同时也为后续的专业设计课以及实践类课程打下良好的美学专业基础。目前图书市场中的教材都是将服装色彩设计与图案设计分开编写的，而本教材将基础知识以及具体实践应用进行整合，按照实际需要编写成一本涵盖两门课程的综合教材。

    服装色彩设计与图案设计是服装设计过程中必须要考虑的两个设计元素，针对中职学生美学基础比较薄弱的现状，本教材系统地将色彩设计及图案设计的基础理论进行了阐述，并针对基础理论设置了相应的基础练习，来训练学生的基础色彩感觉和造型能力，同时，由浅入深地将基础理论知识运用到服装设计领域里，训练学生如何将色彩设计与图案设计更好地与服装设计相结合，使整体的设计更具有审美性。

    编者在撰写本教材的过程中，参考了大量国内相关色彩与图案的书籍以及国外优秀的服装色彩与图案设计图片等资料，使得教材的内容饱满充实。

    本教材具有针对专业领域进一步突出实用性强的特点，吸收传统理论精华，应用创新设计，注重专业理论和实践的结合。本教材可作为服装专业类的参考用书。

    本教材在编写的过程中得到了很多老师、朋友及中国纺织出版社编辑的帮助和支持，在他们的帮助下才使本书顺利出版，在此一并表示感谢，同时恳请美术界、服装界同行及广大读者多提宝贵意见，以使此书得到不断的提高。

编者于北京

2013年1月

教学内容及参考课时安排

章	课程性质/课时	节	课程内容	
第一章	基础理论（20课时）		• 基础篇：服装色彩与图案概论	
		一	服装色彩概论	
		二	服装图案概论	
第二章	技能提高（32课时）		• 技能篇：服装色彩与图案设计技术	
		一	基础技能训练	
		二	技能提升训练	
第三章	实践应用（24课时）		• 应用篇：服装色彩与图案设计应用	
		一	休闲装色彩与图案设计	
		二	职业装色彩与图案设计	
		三	礼服色彩与图案设计	
		四	童装色彩与图案设计	
第四章	赏析（4课时）		• 赏析篇：服装色彩与图案设计作品赏析	
		一	案例一　创意针织服装设计——对比色的设计应用	
		二	案例二　创意休闲装系列设计——系列设计中的色彩均衡	
		三	案例三　创意女装系列设计——色彩的心理效应	
		四	案例四　创意女装系列设计——无彩色系与图案	
		五	案例五　婚纱礼服设计	
		六	案例六　少数民族元素在设计中的应用	

注　各院校可根据自身的教学特点和教学计划对课程时数进行调整。

目　　录

基础理论——

基础篇：服装色彩与图案概论

课题名称： 服装色彩与图案概论

课题内容： 1. 服装色彩概论

2. 服装图案概论

课题时间： 20课时

训练目的： 使学生了解服装色彩与图案设计的基本知识，对于传统色彩以及传统图案有一定了解，为以后的具体色彩搭配以及造型能力的学习打下良好的基础。

教学方式： 要求多媒体课件与优秀图片及学生作业联合方式教学，理论联系实际。

教学要求： 教师理论讲授达到16课时，赏析部分2课时，课堂练习2课时。

学习重点： 色彩与图案的基础知识，服装色彩与图案的研究范围，服装色彩的设计特性，服装图案的审美特征与功能。

第一章 基础篇：服装色彩与图案概论

第一节 服装色彩概论

一、色彩概论

我们生活在一个斑斓瑰丽的世界里，色彩作为一个元素渗透在人类生活的每个领域。图形、文字、色彩视觉三要素中，色彩是最能够迅速表情达意的，它可以通过不同的变化形式、组合形式来左右人们的心理情感。色彩是我们感受这个世界最直接的方式之一。研究表明，一个正常人从外界接受的信息，87%以上是由视觉器官传入大脑的，人对事物的第一印象往往是色彩的感觉。色彩学是一门集合物理学、生理学、心理学、美学等的综合学科，色彩学是艺术设计、工艺美术等教学体系中必不可少的基础类课程，它开设的宗旨是为以后的专业设计打下基础（图1-1~图1-4）。

图1-1 五彩缤纷的纽扣

图1-2 色彩斑斓的彩色油漆

图1-3 色彩绚丽的平面宣传品

图1-4 大自然的多样色彩

二、色彩基本常识

1.光学性质

光与色是自然界存在的有机整体，有光才有色，没有光就没有任何色彩。在物理学上，光是一定波长范围内的一种电磁辐射，它与宇宙射线、Y射线、紫外线、红外线、雷达、无线电波交流电等并存在宇宙中。色彩的产生与感受使人产生视觉的主要条件就是光，有光才会有视觉，来自外界的一切视觉形象，如物体的形状、空间、位置等区别都是通过色彩的明暗来表现。色依附于形（物），形由不同的色来区分，形与色是不可分割的整体。色彩是不同波长的光刺激眼睛的视觉反映，是光源中可见光在不同质地物体上的反映。为什么不发光的物体会有颜色？是因为物体在受到光的照射后，不透明的物体会产生吸收反射等现象。我们平时所说的固有色，是以日光的照射为基本条件，它不是物体本身自有的颜色，而是物体本身具有的反射色光的能力，要求外界条件相对稳定，物体本身具有的反射色光的能力不会因为光源色的改变而改变（图1-5~图1-8）。

图1-5　高速度下形成色彩的线　　　　　图1-6　通过光的照射呈现彩色的线

图1-7　通过色彩静物写生表现光源色、固有色与环境色表现　　　图1-8　色彩应用在建筑中

2. 色彩的象征性

色彩本身是没有灵魂的，它是一种物理现象，但人们却能够感受到色彩的情感，这就是人们长期的生活和实践经验以及民族习惯赋予色彩的灵魂，某种色彩其特定的表现形式就成为某种事物的一种象征。

色彩象征性指的是一种色彩或几种色彩的组合，能够让见到这种色彩的某个人群引起相应的联想，或对某个人群具有共同的暗示，也就是某个人群、某个民族、某个地区对某种色彩的共同认知。随着社会的发展，各种艺术形式都注重表现精神象征，而完成精神象征的表现关键，色彩起到了相当大的作用，尤其是色彩的象征性，大大增强了艺术作品的表现力和可读性，即使没有具象的造型，也可以通过色彩的象征意义表达作品的主题（图1-9、图1-10）。色彩的象征性在世界范围内也有共通性的一面，但因为地域、民族、信仰、生存环境的不同，导致一些色彩象征意义的差别也是不可避免的，所以了解民族文化差异对艺术设计人员来说是非常重要。

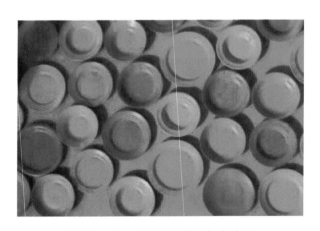

图1-9　单一色调下丰富的色彩效果

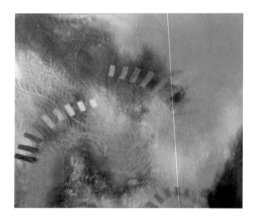

图1-10　色彩渲染织物，鲜艳色调
　　　　象征活泼富有朝气

三、服装色彩与设计

服装由款式、色彩和面料三要素构成，其中色彩是将服装表现的最生动、最醒目，也最具有视觉冲击力的主要手段，人类爱美的天性以及对精神世界的追求引起了对服装色彩设计的重视。色彩作为服装美学的重要元素，将其进行合理的搭配就成为服装设计的主要任务之一。服装色彩设计并不是孤立存在的，设计的过程中要充分考虑到款式、造型线条以及面料的相互关系，保持与整体设计所要表达的设计理念一致。服装色彩课程学习的目的是为了培养学生对服装色彩的认知和鉴赏能力，能够利用色彩增强服装的艺术表现力（图1-11~图1-13）。

图1-11　服装色彩设计应用

图1-12　浓郁服装色彩设计应用

图1-13　淡雅服装色彩设计应用

1. 服装色彩与设计的特性

（1）服装色彩设计的功能性：服装设计的实用功能角度上，要求服装色彩的应用性也要有相应的配合。特殊行业的服装需要有特定的色彩作为服装配色出现，以满足或强化其服装本身的实用功能性。社会生活中交通警察的制服背心，采用荧光绿色或银色、橘色相间，凸显其醒目性，以此来保证交警在值勤过程中的安全；医院的医生和护士的服装设计都有限定的色彩，如白色、淡粉色、淡蓝色等，白色代表洁净，淡粉色和淡蓝色起到静气凝神的作用；一些户外作业的工程人员等功能性服装除了面料的防护功能性以外，还会根据需要选择比较鲜亮或隐蔽的色彩来应用，以符合其实践作业的需要（图1-14）。

图1-14　服装防护色彩的应用设计

（2）服装色彩设计的审美性：服装的色彩设计既是服装实用与功能的需要，满足人们的审美需求，也是其重要的诉求之一。服装色彩所产生的视觉效果和精神作用，直接反映了人的审美观念和精神取向。审美是人类理解世界的一种特殊心理活动，首先来自于视觉的刺激，美是一种很抽象的概念，有时需要具象的衡量标准，有时要很宽泛地去衡量。

服装色彩设计要符合大众的审美标准，根据使用场合不同选择相对应服装类型、不同的年龄层次等（图1-15、图1-16）。

图1-15　演出服装色彩设计应用（作者：赵亚杰）　　　图1-16　特殊场合服装色彩设计应用

（3）服装色彩的商品性：色彩作为服装设计的重要组成元素，某种程度上是为服装的商品性服务的。无论是秀场上展示的高级定制服装，还是时尚流行的成衣，都具有商品流通性，设计师在进行服装设计的时候，要充分考虑到穿着者的穿用需求或符合当季的色彩流行趋势，研究不同消费人群年龄层次或职业，针对不同定位及风格的服装进行色彩的整体搭配，使服装进入终端销售市场之后可以创造更多的市场价值（图1-17~图1-19）。

图1-17　职业风格成衣　　　图1-18　流行色彩的礼服裙　　　图1-19　整体色彩系列设计效果图
（作者：安宁）

（4）服装色彩的季节性：大自然的色彩随着季节的变化而不断变化着，服装色彩也随着季节的更替而不断变化。春季春暖花开、万物复苏，色彩的颜色鲜亮，如草绿色、淡黄色、浅粉色、橘红色等；夏季的色彩更加浓郁，如果绿色、玫红色、粉绿色、大红色、宝蓝色等（图1-20）；秋季的色彩暖色调明显，如土黄色、芥末黄色、橄榄绿色、熟褐色等（图1-21）；冬季气候趋于寒冷，服装面料加厚，色彩多偏向灰暗色或暖调的颜色。

图1-20　春夏季色彩服装效果图（作者：谭嘉丽）　　图1-21　秋冬季色彩服装效果图（作者：文成彬）

2. 服装色彩与设计的研究范围

首先，需要熟练掌握色彩的基础知识，通过对色彩属性的了解将色彩理论与服装色彩设计应用相结合，注重服装色彩设计的特殊性研究。

其次，在服装色彩中，因为面料与色彩的关联性尤为重要，所以对面料色彩的研究也是必不可少的。在服装设计中面料的质感发生变化的时候，色彩也会随之产生丰富的变化与情感表达，例如，大红色系，在粗纺面料上其色彩面貌反映的是粗犷、奔放；在提花锦缎上表现出来的就是浓艳与华丽；在真丝面料上表现出来的就是轻快与优美；在皮革质地上则表现出饱满与理智（图1-22）。在服装设计中必须高度重视面料质感对于色彩的影响，不能完全模式化地套用色彩。要根据细节的变化做细微的调整设计，更好地把握色彩设计语言。

 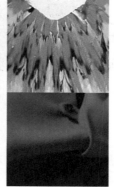

图1-22　红色表现在不同质地上的视觉效果

　　再次，根据不同服装类型进行相应的色彩搭配设计研究，服装品类丰富多样，不同类型服装，也影响并决定色彩设计的使用。如休闲装、职业装、晚礼服、童装以及内衣等，不同的服装类型，不同的穿着对象，不同的穿着环境，都决定着其色彩应用的不同（图1-23~图1-25）。

图1-23　泳装的色彩设计实例

图1-24　"迪奥小姐"礼服色彩设计表现　　　　图1-25　童装色彩搭配设计表现

　　最后，服装的商品性对于服装色彩流行性的研究，也是必须要考虑的因素，流行色的产生是社会经济文化的反映，新颖的色彩可以强烈地刺激人的视觉，并给人带来与以往不同的心理感受。国内外预测发布流行色分春夏季和秋冬季两次，设计作品的色彩搭配要紧跟流行趋势，充分运用当季的流行色彩，以达到理想的配色效果。

3. 中外服装色彩发展简述

随着人类文明的发展、历史文化的传承，服装经历了从原始装扮阶段以实用性需求为主，发展到实用与审美结合的过程。查阅一个民族的服装色彩的演变，可以投射出了现代服装服饰的多元化正是人们对服装从物质层面走向精神层面的认识。从古至今，人类文明发展下的服装服饰色彩变化一直进行着，这种发展变化因时代、因地域、因文化等都息息相关。中国传统服装的色彩有很多种组合形式，如宫廷系列服装色彩、宗教服装色彩、民间服装色彩、民族服装色彩等。

纵观中国服装史，其色彩内涵是随着社会发展、时代的变迁而演变的，呈现出鲜明的阶段性、民族性和时代性。

原始社会的人们对于色彩的喜好基本来源于自然色彩，自然色彩是传统服装色彩的最初形态，它以自然现象对人的直接反应与人对它的直接感知为特征。原始人对色彩的感知和使用以自然为师，除了直接取用带有颜色的矿石原料、泥土原料外，还有就是直接取于植物。如用植物的叶、根等显色的汁液，获得不同颜色（黑色、白色、红色、绿色、黄色）的汁液用来涂身、装饰器皿、画壁画或作为印染织物的材料。这种直接取于自然材料的自然色彩，是最初服装色彩的最基本特征，从当代中国的许多少数民族的服装色彩中都还可以找到印染织物的演变雏形。

封建社会在我国延续了一千五百多年，它是以等级标识为主要特征的。例如，周代的封建制度已经相当完善，严格的等级制度是巩固国家政权最显著的手段，周代的男性大礼服运用青色、红色、黄色、白色、黑色五色，天子的礼服主要为黑色、红色；平民的礼服主要为白色；女性服装也以五色为主要用色。春秋战国时期，百家争鸣的政治思想为主要特征，阴阳五行思想盛行。以金、木、水、火、土五行代表德行影响下，土德崇尚黄色，木德崇尚青色，金德崇尚白色，火德崇尚红色。进而演变发展，五色的间色使用也十分频繁，如蓝色、紫色、绿色等。秦国的服饰以黑色为主要用色；汉代朝服随季节的变化而变化，如春穿青色、夏穿朱色和黄色、秋穿白色、冬穿黑色；魏晋南北朝时期，由于受到宗教文化的影响，以黑色、红色为最多，其次是白色、青色；隋唐时期是封建社会发展到最鼎盛的时期，无论是国力，还是文化。就服装用色的创新性来看，皇帝用色中出现的黄色，影响和决定了后代天子用黄色作为其专用服色的习惯。官服的颜色分为四等：一至三品服紫；四至五品服绯；六至七品服绿；八至九品服青。宋代在服装用色上其风格更趋于传统和简约，前期比较推崇白色，随之黑色比较流行，其次是红色、青色、紫色和绿色。明代天子服色以黑色、红色、黄色为主，男性服色以青色、黑色、绿色为主，女性用色多以红色、青色、白色、绿色为主；清时期服装用色上民族融合的影响，清代服饰继承发展形成清代服饰的样式特点，服装色彩上天子仍以黄色为主，主流服装色彩以青色为主，除此之外红色服装也比较流行，还因清代玉器的流行，绿色的服装也比较多见（图1-26~图1-28）。

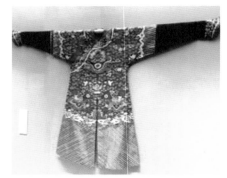

图1-26　秦汉皇帝冕冠冕服　　　　图1-27　魏晋女裙　　　　图1-28　清缂丝龙袍（清华艺术博物馆藏）

外国传统服装的发展也受到历史时期及社会背景的影响，主要表现在款式、面料、色彩等方面。古代奴隶制社会时期，西方文化以古希腊、古罗马文化为发源。古希腊文化中崇尚完美、和谐，服装以白色运用最多，以此显示洒脱、飘逸。古罗马国家有着严格的等级制度，贵族们的服装非常华丽，以深红色、紫色为主要用色，尤其是紫色被赋予高贵的象征，代表纯洁正直的白色运用也较普遍（图1-29）。文艺复兴时期，西方社会生产力迅速发展，资本主义开始萌芽，人们生活相对富足。人们在服装用色上追求光亮感的效果，其色彩以金色、银色使用最为广泛，同时还有浅紫色、天蓝色、白色等。随着巴洛克、洛可可风格的产生，巴洛克风格表现豪放，服饰中带有男性气质的美；洛可可风格在于表现纤巧、娇媚，服饰中带有女性气质的美。服装色彩呈现出异常鲜亮的色彩，强调色彩对比，服装十分华丽（图1-30）。古典主义风格的服装色彩偏于简单和素雅，以白色、肉色、黑色、蓝色、咖啡色为主，显示出服装的庄严、高贵和自然。19世纪是资本主义的全盛时期，服装的色彩运用上，男装以深、重颜色为主，如蓝色、棕色、红色等色，同时还出现多色拼合的格子色。随着人们生活的富足和对精神要求的提高，休闲、运动的服装逐渐兴起，从而服装用色上多了许多明快的颜色，同时出现了条纹和格子纹。

图1-29　奥林匹亚的赫拉神庙前穿着传统古希腊服装的"女祭司"　　　图1-30　18世纪洛可可式风格服装

第二节 服装图案概论

一、图案概论

《辞海》中"图案"的释义是：为对某种器物的造型结构、色彩及纹饰进行工艺处理而事先设计的施工方案，制成图样，通称图案。狭义的图案，专指按照形式美的构成规律设计的平面纹样；广义的图案，指依附于建筑装饰、工艺美术、工业设计、服装设计等广泛领域的装饰纹样的预先设计的通称。图案有装饰性和实用性美术特点，图案并非独立的艺术门类，不能单独欣赏，必须依附于其他载体来体现图案的美感。

图案属于一种装饰艺术，并将装饰和实用需求结合的美术形式。图案常常把生活中的一些自然形象经过艺术加工处理，使其造型、色彩构成，适合于实用和审美目的的一种设计图样或装饰纹样。不论是一个单独的装饰纹样，还是把纹样运用在具体的物体上，图案艺术特别注重通过线条、色彩和造型样式等，创造出一个美好的形象，带给人们视觉上美的享受，同时也培养了人们的审美情趣。

图案是人们物质与文化生活相结合的艺术形式产物，涉及图像形态学、视觉生理学、心理学以及社会学等各个学科。图案的形态、构成、色彩等基本原理不仅对图案设计十分重要，而且对所有的现代设计也很重要。图案强调表现对象的意趣和美饰效果，经常要对物像的形态作大胆的夸张、简化与美化处理，这不仅需要敏锐的观察能力，更需要丰富的想象力（图1-31~图1-35）。

图1-31 马家窑类型对鸟纹彩陶壶　　　　　图1-32 马家窑文化半山类型菱形网纹双耳彩陶

图1-33　辛店文化鸟纹涡纹陶罐　图1-34　齐家文化单耳红井纹彩陶罐　图1-35　仰韶文化深腹彩陶罐

二、图案基本常识

1.图案的分类

图案从创作素材的角度，可以根据取材的不同划分为植物图案、动物图案、人物图案、风景图案、几何图案等（图1-36）；从图案的依附载体可以将图案划分为服装图案、建筑图案、陶瓷图案、印染图案等（图1-37~图1-39）。

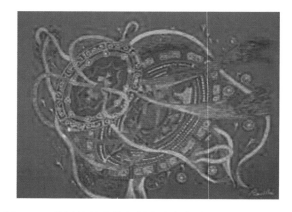

图1-36　以传统饕餮纹为素材创作图案　　图1-37　以铜镜的装饰纹样为素材创作的吉祥喜庆图案

2.图案与生活的关系

现代图案是图形美化的形式，是一种非常普遍的艺术手法。生活中人们离不开衣食住行，而这些都与图案有着密切的关系。图案设计是建立在审美与艺术造型的基础之上，它是以各种不同类型的艺术造型为依托，进行符合造型美学需要的艺术设计活动，它也成为实用美术中的一个重要艺术设计内容。在科学飞速发展的今天，随着生活水平的提高和人们观念的转变，审美也发生着变化，人们在业余生活中更多的追求精神层

图1-38 现代时尚车身装饰图案

图1-39 古典风格的现代陈设品图案应用

面的东西，亲近时尚，追求自我，而图案在表达时尚、展现个性、凸显风格的角度，都发挥了重要作用。图案已被普遍应用到很多设计领域，如服装图案、陶瓷图案、平面设计图案、建筑图案以及公共艺术图案等。在现代生活中，图案的应用范围不断地被拓展和延伸，因此，在教学中应该引导学生把目光投向更宽广的领域，指导学生运用适当的艺术形式把图案的内容与形式统一起来开拓图案的新空间，设计出更有创意的艺术作品（图1-40~图1-44）。

图1-40 图案面料拼接服装设计

图1-41 以人物变形为装饰的彩色玻璃装饰画

图1-42 文具几何图案纸胶带

图1-43　以花卉变形为装饰的马克杯　　　　图1-44　阿布扎比谢赫扎耶德清真寺吊灯及花纹内饰

三、服饰图案与设计应用

1. 服饰图案研究范围

图案应用在现代服装设计中是艺术性与实用性相结合的产物，具有双重美感。图案必须依附于服装服饰的造型款式或某个具体的结构部位上，即依附于某种"形"之下，来反映出实用和艺术的创新创意效果。

首先，图案在服装设计中应用的位置十分重要。图案通常会装饰在服装比较显眼的位置，如服装的领口、胸部、肩部、背部、腰部、袖口、衣边等，在这些部位上进行图案装饰设计应用，会给服装增添很多的光彩。

其次，图案在服装中的运用中有十分重要。服装图案作为服饰装饰的一部分，其在服装服饰设计中发挥的作用不可忽视。在现今的服装设计中，图案与服装的结合是必然的，也是不可分的。

再次，不同题材的图案应用应适合不同类型的服装。运用在服装设计中的图案要与服装的穿着者相适应，并体现穿着者的个性。一般来说，几何形图案及色彩搭配艳丽的图案比较适合朝气蓬勃的年轻人穿着；中小花形图案及色彩素雅的图案比较适合中老年人穿着；比较具象和色彩纯度较高的图案则适合儿童穿着。

最后，服装图案设计应顺应时代潮流。无论哪种风格的服装图案，它的主要作用就是修饰服装，使本来具有实用功能的服装具有审美功能，要达到理想的审美装饰效果，就必须使图案同服装之间保持和谐的关系（图1-45~图1-50）。

2. 中国传统服装图案发展简述

中国传统服装图案多以吉祥图案装饰为主，我们的先人创造了许多向往、追求美好生活和寓意吉祥的图案。通过对历史文献的整理，我们可以看到，图案在服装中的

图1-45　领口对称图案应用

图1-46　民族图案在T恤中应用

图1-47　线型装饰在运动休闲服装中应用

图1-48　童趣图案装饰

图1-49　传统花卉面料

图1-50　图案应用在时尚女装

重要地位与象征意义的体现。在服装纹样题材上大量运用了具有祈福纳吉的吉祥纹饰，这些图案巧妙地运用人物、走兽、花鸟、风雨雷电、日月星辰、文字等以神话传说及民间谚语为题材，通过借喻、双关、谐音、象征等手法创造出图形与吉祥意义完美结合的艺术形式。中国的吉祥图案起始于商周，发展于唐宋，鼎盛于明清。明清时，图案几乎到了图必有意，意必吉祥的地步，吉祥图案题材十分广泛，花鸟鱼虫、飞禽走兽等都会涉及。装饰以纹样为主，服装图案表现以织锦图案、印染图案、刺绣图案最为多见。

（1）织锦图案：织锦是中国传统高级多彩提花丝织物，东汉时期，织锦已经突破原有的局限，将众多活泼生动、五彩缤纷的吉祥图案应用在其中。我国有蜀锦、宋锦和云锦三大名锦，最具有民族特色的是蜀锦，其用单色或者金线织成团寿、团龙、万字纹等图案，将蜀锦应用到服装中表达了人们对美好生活的祈求与祝福；宋锦以折枝花卉图案为主，将写生花卉修饰变化成缠枝莲花或穿枝牡丹，灯笼锦为其代表，在服装中应用广泛；云锦用料考究，图案多为云纹穿插，龙凤纹、如意纹也比较常见，装饰在服装当中显得富丽精美（图1-51~图1-53）。

图1-51　唐蓝地对鸟对羊树纹锦　　　　图1-52　唐联珠对鸟纹锦　　　　　　图1-53　唐缥地花纹锦

（2）印染图案：中国印染工艺历史悠久，种类繁多，以蓝印花布、扎染和蜡染最为常见。蓝印花布又称靛蓝花布，分蓝底白花及白底蓝花两种，图案装饰以人物、走兽、禽鸟、鱼虫为主，花卉植物常作为辅助图案，蓝印花布多用于民间普通平民的衣料。扎染与蜡染图案也是中国民间工艺形式，扎染在唐宋时期比较盛行，其图案寓意吉祥，应用在服装上装饰性极强，鸾凤和鸣、牡丹富贵等；蜡染的图案装饰内容多以花鸟鱼虫和几何形为主，由于其特殊的工艺，会形成自然变化的"裂纹"，又被称为"冰纹"，冰裂纹是蜡染艺术所特有的肌理图案效果。印染图案主要在民间应用于衣料的装饰上，并将实用与审美紧密地结合在一起（图1-54~图1-57）。

图1-54　东汉人物印染花布蓝印花　　　　　　图1-55　现代贵州丹寨蜡染

（3）刺绣图案：刺绣俗称绣花，是中国古代民间最为广泛的工艺美术品种。其制作是用彩色绣线，按照设计的花纹和色彩在面料上刺绣运针，以线的轨迹构成花纹、图像或文字的工艺手段。刺绣工艺表现的服装吉祥图案题材极为广泛，包括龙、凤、虎、鸟、神兽、珍禽、花草等，在起到美化修饰的作用时，还有祝福、辟邪驱邪等寓意，通过多种刺绣针法，呈现出精美的刺绣纹样（图1-58、图1-59）。

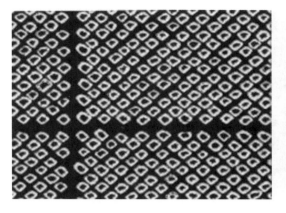

图1-56　手工染缬鹿胎绞

图1-57　手工蓝印花布

图1-58　双狮子绣球唐卷草盘金绣

图1-59　刺绣万字纹莲花莲藕图

3. 外国传统服装图案发展简述

外国服装史上出现的传统服装图案应用种类繁多，也极为丰富。具有代表性的服装图案有佩兹利纹样、日本友禅纹样、康茄纹样等。

（1）佩兹利传统纹样：作为全世界公认的传统纹样，一直被沿用至今。有关于佩兹利纹样原型的探究可以追溯到克什米尔地区，它是在克什米尔披肩纹样基础上发展起来的。在中国称为火腿纹样，西方称佩慈利纹样，随着该纹样在世界的风靡和传播，至今仍然备受人们喜爱。佩兹利纹样头部圆润为其基本特征，纹样尾部以涡旋纹形式构成，给人一种优美婉转、圆润流畅的动感。佩兹利纹样主要源自于披肩的纹样，沿用至今很多披肩围巾等仍然用佩兹利纹样进行修饰。佩兹利纹样在服装的应用上非常广泛，如领部、胸部、腰部、门襟、裙摆、裤口等，这与佩兹利纹样的特征是分不开的，它外轮廓能与人体的曲线得到很好的契合，充分发挥该纹样不规则、较为自由的特征，产生独特的装饰感。其经典样式与结构，为现代设计提供了很好的形状制式的参考（图1-60~图1-63）。

图1-60 白地草花 佩兹利传统纹样（一）

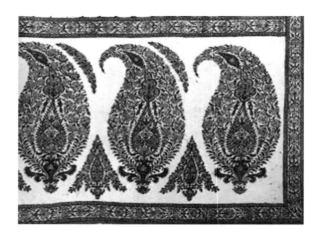

图1-61 白地草花 佩兹利传统纹样（二）

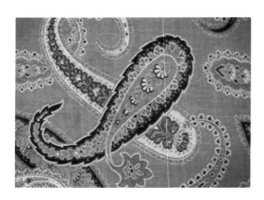

图1-62 佩兹利传统纹样（三）

图1-63 佩兹利传统纹样在服饰品中的应用

（2）日本友禅纹样：日本友禅风格服装图案，友禅印染是日本特有的，友禅纹样是日本和服最重要的装饰图案。始于日本江户时代中期元禄年间（1688~1704年）的扇绘师宫崎友禅所创而得名。友禅分京友禅、加贺友禅和江户友禅。友禅纹样题材有松鹤、扇面、樱花、龟甲、红叶、清海波、竹叶、秋菊以及牡丹、兰花、梅花等寓意吉祥如意。中国传统纹样对友禅纹样影响较大，如中国传统纹样的唐草纹、八仙纹、雷纹等也时常出现在友禅纹样中（图1-64~图1-67）。

（3）康茄纹样：非洲花布原指蜡防花布，后来随着各民族服装的发展，有所混用，其中最流行的有康茄（KHANGA）花布和蜡防花布两大类。康茄是以矩形的印染织物作为独立单位，是非洲服装较典型的特征之一。康茄纹样源于桑给巴尔及其附近海岸区域，讲班图语言的斯瓦希利民族，纹样通常具有两种组织形式：一是由一个中心纹样、四个角纹和四条边纹组成；二是由一个长方形的纹样和四条边纹组成。康茄纹样另一典型特征是在中心纹样的下部配有斯瓦希利文字。康茄纹样的主要表现题材有花卉题材、几何造型题材、景物题材等（图1-68、图1-69）。

图1-64　日本加贺友禅纹样

图1-65　日本京友禅纹样　辅以金箔刺绣

图1-66　日式传统和服纹样

图1-67　银色无地友禅振袖和服

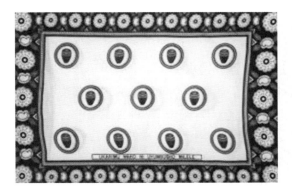

图1-68　康茄纹样非洲鼓题材

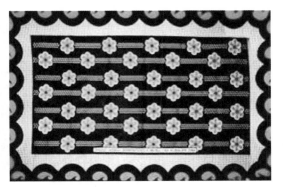

图1-69　康茄纹样花卉题材

4. 传统图案与现代服装设计的关系

图案设计是服装设计中十分重要的装饰设计元素，越来越多的设计师注重服装图案的设计创新与创意表达。传统图案与现代服装设计的结合，是将丰富的传统文化与现代文化有机地结合在一起，其艺术性体现在每一个细节上，它不仅要保留传统图案的精髓，而且又要轻其形、重其神，融入现代服装的设计理念中，具有鲜明的艺术特色和审美意义。

传统图案是民族文化的精华，它既是民族悠久历史的象征，也是现代设计取之不尽、用之不竭的源泉。传统图案应用在现代服装设计中，可以满足人们审美需求的独特风格、趋向简单化、自然化、淳朴化等。同时也满足了消费者对传统文化和艺术的追求，给服装注入了浓厚的文化内涵和时代气息。现代服装设计对传统图案的追求，可以突出民族的特征，具有其特殊的装饰标志，对弘扬民族传统文化，促进各国文化的相互交流起到积极的推动作用。服装设计过程中赋予传统图案灵活性、创新性以及新的时代感，应用传统图案时，可以融入主观鲜明的个性，打破传统造型的规律性，加入一些创新的元素使之成为既有传统图案的元素又有创新意识的新形象，要赋予传统图案新的时代感，注重融入潮流元素，体现传统与现代结合的新时尚（图1-70）。

图1-70　传统民族纹样应用在服饰设计中

5. 服装图案的审美特征与功能

服装图案具有从视觉和心理上，满足人们美化自己和追求变化需求的作用，使服装和穿着者更和谐。服装图案的纹样构成，蕴藏着符合人们生理与心理需求的形式美法则，如变化中求统一、对称与均衡、节奏与韵律等。这些形式不仅表现出一种视觉美感，也反射出种种思想文化内涵。

服装图案通过修饰、点缀表现服装美感，使原本单调的服装在视觉上产生层次、色彩的变化，来强调服装本身的个性。图案的修饰、美化要以不破坏服装的整体风格为原则，充分渲染服装的艺术气氛、提高服装的审美情趣。服装图案在服装中能起到强化、提醒、引导视线的作用。设计师为强调服装的某种特点或有意突出穿着者身体的某一部位，往往运用强烈的对比，吸引人们的视线，运用带有夸张意味的图案进行修饰，达到事半功倍的效果。针对不完美、不平衡而言，弥补和矫正也是一种美化，服装设计师通常利用服装图案强调或削弱服装造型及结构上的某些特点，借助服装图案自身的色彩对比与形象造型，产生一种"视差"、"视错"的错觉，以掩饰着装对象形体的某些缺憾或弥补服装本身的不平衡、不完整，使着装者与服装更和谐（图1-71～图1-73）。

图1-71　传统图案应用　　　　图1-72　传统纹样礼服设计应用　　　图1-73　传统风格纹样童装应用
　　　　　　　　　　　　　　　　　　　　　　（作者：刘诗）

本章小结

　　本章属于基础篇，对于服装色彩与图案的基础知识进行简单的概括，使学生基本了解色彩与图案的基础知识。同时论述了服装色彩与设计的特性、研究范围以及中外服装色彩的发展。另外，阐述了服装图案的研究范围，还对中外服装图案的发展进行了简单的概述，讲述了传统服装图案与现代服装设计的关系以及服装图案的审美特征与功能。

思考与练习

　　1.简述色彩与图案在服装服饰设计中的重要性。

　　2.简述中外服装色彩与图案的典型代表形式（四种以上）。

　　3.简述服装色彩与图案的研究范围。

　　4.临摹传统经典服装图案纹样一幅（尺寸20cm×20cm）。

技能提高——

技能篇：服装色彩与图案设计技术

课题名称： 服装色彩与图案设计技术

课题内容： 1. 基础技能训练

2. 技能提升训练

课题时间： 32课时

训练目的： 通过运用技能进行训练，提高学生对各种技能的熟练掌握程度，引导学生提炼和创新传统色彩与图案的"形"，探求和挖掘蕴含在色彩搭配与图案设计背后的"意"，学生的创造就是在掌握基础技能的基础上，从方式、方法等方面尽可能地去创新，将技能运用到服装设计当中去。

教学方式： 要求多媒体课件与优秀图片及学生作业联合的方式教学，做到理论联系实际。

教学要求： 教师理论讲授达到24课时，赏析部分2课时，课堂练习6课时。

学习重点： 基础色彩构成规律，图案基础构图形式与服装结合设计，服装色彩肌理与图案肌理的结合设计，采集与重构在服装色彩设计和图案设计中的表现，服装设计中形式美法则的运用，色彩与图案的心理效应在服装设计中的表现，流行色与流行图案在服装设计中的综合表现。

第二章　技能篇：服装色彩与图案设计技术

第一节　基础技能训练

一、色彩

1. 色相环

为了便于对色彩的观察，色彩学家设计了专门的色相环，也称为色轮。红、黄、蓝3原色混出橙、绿、紫3间色，将这6种纯色以顺时针方向环形排列，就形成了最简单的色相环。在这6种纯色的基础上，加入中间色，就形成了12色相环，再以这12色为基础加入中间色，就形成了24色相环（图2-1）。

2. 原色、间色、复色

原色是指色彩中不能再分解的基本色（红、黄、蓝）；间色是指两种原色相混合得出的颜色；复色是指颜料的两种间色或一种原色和其对应的间色相混合得出的颜色（图2-2、图2-3）。

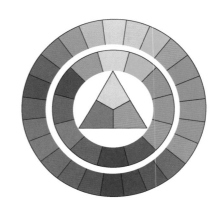

图2-1　24色相环

3. 冷色与暖色

色彩具有冷色和暖色两类相对性的倾向，色彩的冷暖不仅受到生理感觉的影响，还与心理联想相关联。色环上感觉最暖的色彩为橙色，最冷的色彩为蓝色（图2-4）。

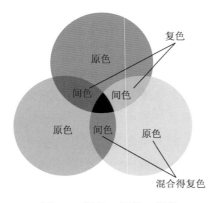

图2-2　原色、间色、复色

图2-3　三原色品红、柠檬黄、湖蓝

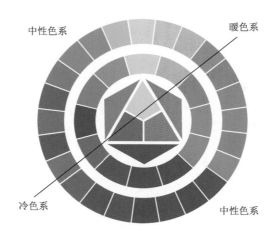

图2-4　色环上的冷暖划分

4. 色相、明度、纯度

日常生活中所出现的色彩具有三个非常重要的属性，即色相、明度与纯度。色相就是色彩的相貌名称，是色彩的最明显的特征，由此区分色彩种类和名称，色相由光的波长决定；明度是指色彩的明暗程度，也称为深浅度，明度是所有色彩都具有的属性；纯度是指色彩的鲜亮程度，由色彩所含单色相的饱和程度所决定，也称为彩度、鲜艳度或饱和度。

5. 无彩色、有彩色

色彩分为无彩色与有彩色。无彩色就是指那些只有明度，没有色相和纯度属性的颜色，黑、白、灰属于无彩色；有彩色是指光谱中所有色彩都属于有彩色，有明确的色相和纯度，包括具有某种色相感的灰、红灰、绿灰等。

6. 色彩的秩序构成与明度对比

色彩的秩序构成也可以称为色彩的推移构成。色彩推移是将色彩按照一定规律有秩序地排列、组合，形成整体渐变的节奏。我们可以根据色彩的色相、明度、纯度三要素的某一要素做单一的秩序构成，秩序构成主要是训练学生基本的调色能力以及色阶调整的能力。色彩推移秩序构成是一种创作技能，是研究色彩规律以及从理论学习到实践体会的一种训练方式，有明确的目的性。这类作品具有很强的形式感，规律中富有变化（图2-5）。

（1）色相推移秩序构成：是通过三原色混合出三种不同色相以上的推移，色阶过渡均匀，按照

图2-5　色彩秩序构成

色相环的循序由冷至暖或由暖至冷的规律排列、组合的一种渐变形式，一般画面采用水粉平涂法。色相的推移秩序表现形式通常具有丰富多彩、生动鲜活的画面效果，但应注意对色彩的恰当选择和搭配，否则会显得杂乱无章（图2-6、图2-7）。

图2-6　色相秩序构成图

图2-7　色相秩序推移色板条

（2）明度推移秩序构成：是从色彩的明度入手，将色彩按明度等差级数系列的顺序，由浅至深或由深至浅的规律排列、组合的一种渐变形式，同时要求明度色阶均匀过渡（图2-8~图2-10）。

图2-8　明度秩序构成（一）

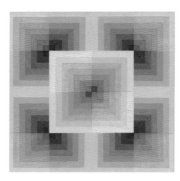

图2-9　明度秩序构成（二）

图2-10　明度秩序构成（三）

（3）纯度推移秩序构成：是从色彩的纯度入手，将色彩按纯度等差级数系列的顺序，由鲜亮至灰或由灰至鲜亮的规律排列、组合的一种渐变形式，即在同一色相中混入与其明度相等的灰色，在明度相等的条件下逐渐增加纯色量（图2-11、图2-12）。

明度对比是指因色彩的明暗不同所造成的对比。黑、白、灰的无彩色的明度比较容易区分，不同色相的同明度差要区分就比较困难，如橘红与淡绿两个有彩色，不同色相，但明度值很接近，就不宜区分。

明度对比是其他色彩对比的基础，是决定配色的光感、明快感、清晰感的关键，明度差越大对比就越强，反之对比就越弱。明度对比强时，光感强，形象外轮廓清晰，视觉上

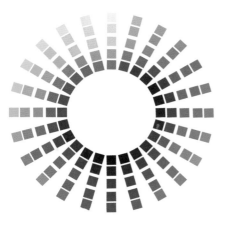

图2-11　各个有彩色纯度秩序推移

图2-12　有彩色纯度秩序推移

清新明快；明度对比弱时，光感就弱，形象含混不清，视觉上容易模糊。

　　我们以明度为主要划分元素，可以分为低明度基调、中明度基调和高明度基调3个基调。基调是指画面的主调，也就是色彩在面积上占有绝对的优势。低明度基调就是低明度色彩占画面的主调；中明度基调就是中明度色彩占画面的主调；高明度基调就是高明度色彩占画面的主调。我们通常将明度划分为明度9调，3个大的基本基调中每一个基调都含有3个对比的调子：低明度基调包括低长调、低中调、低短调；中明度基调包括中长调、中中调、中短调；高明度基调包括高长调、高中调、高短调（图2-13~图2-15）。

图2-13　高明度基调

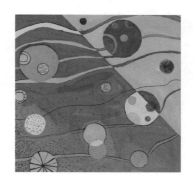

图2-14　中明度基调

图2-15　低明度基调

7. 色彩的肌理对比

　　利用画面的视感肌理和触感肌理的效果与色彩形成的对比称为色彩的肌理对比。肌理对比给人以动与静的感觉，是其他对比难以形成的视觉效果。视感肌理来自视觉上的刺激，触感肌理除了视觉上的刺激外同时具有触觉的感受。

　　色彩视感肌理的表现相对比较平面化，色彩的视感肌理是通过多种色彩颜料以及特殊色彩性质笔的运用来实现。在色彩颜料中，水粉颜料、油画颜料和丙烯颜料属于色彩质地比较厚重，可以利用堆砌、叠加、调和等手法实现色彩视感肌理，此种肌理既可以表现规整的画面效果，又可以表现任意性较强的肌理效果（图2-16）。水彩颜料和国画颜料的色彩质地比较稀释、透明，可以利用晕染、水染、平涂等手法实现色彩视感肌理，此种肌理画面既可以展现具象形态，又可以表现抽象写意的效果，利用稀释的颜料表现的色彩视感肌理给人清新、柔和的视觉感受（图2-17）。特殊色彩性质笔包括马克笔、水彩笔、色粉笔、油画棒及彩铅笔等，不同种类的笔所绘制出的色彩肌理呈现得视觉感受是不同的。除了以上视感肌理的表现以外，通过更换不同质地的纸张也可以展现和丰富色彩肌理效果，如选用水彩颜料，运用水染肌理的表现手法，同时在宣纸和素描纸分别表现色彩肌理，宣纸上表现的水染效果会更加柔美、清透。

色彩触感肌理的表现呈多样化，通过一些特殊材料、特殊表现手法实现色彩的触感肌理。特殊材料指的是一些大自然中本身存在且具有丰富色彩的事物，如彩色的毛线、纽扣、棉麻布、不织布等，特殊的表现手法包括拼贴手法、编织手法、平面与立体结合手法等。

无论是色彩的视感肌理还是触感肌理，通过丰富的创意形式，将色彩肌理表现得淋漓尽致，以充分展现肌理对比的视觉冲击力（图2-18、图2-19）。

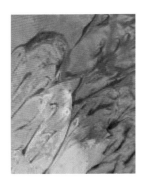  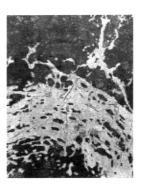 

图2-16　叠加任意性肌理　　　图2-17　晕染肌理　　　图2-18　布面色彩肌理　　　图2-19　拼贴编织肌理

8. 色彩的采集与重构

色彩的采集与重构是在对自然色彩和人工色彩进行观察学习的前提下，按照需要进行分解、组合再创造的手法，也就是将自然界的色彩和一些人工色彩进行分析，通过分析将实用色彩进行概括和组织，重新构成新的画面。

色彩的采集与重构是两个非常重要的过程。在色彩收集的阶段中，如果色彩选择得不合适，会导致重新构成的画面缺乏生气，没有艺术性。所以我们要善于观察，从美学的角度入手发现别人没有发现的美，去认识客观世界中美好的色彩关系，并注入新的思维进行重新组合。色彩的采集可以从自然色彩、传统色彩、民间色彩、流行色彩等方面入手，对象的色彩采集可以是整体的，也可以是局部的，只要它具有丰富的色彩变化和代表性，都可以进行采集。色彩的重构是通过采集原物中的色彩元素加以提炼后将新鲜的色彩元素注入新的画面当中，使之产生新的色彩形象。色彩重构可以通过整体色彩，按比例重新组合、整体色不按比例重新组合、部分色重新组合、色彩情调重新组合的几种形式来实现（图2-20~图2-25）。

图2-20　色彩采集与重构实例（一）

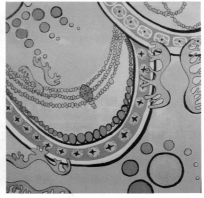

图2-21　色彩采集与重构实例（二）

图2-22　色彩采集与重构实例（三）

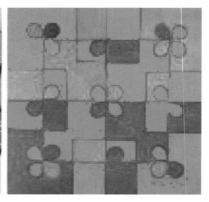

图2-23　色彩采集与重构实例（四）

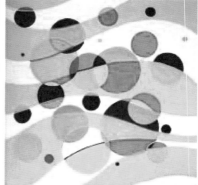

图2-24　色彩采集与重构实例（五）

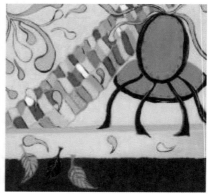

图2-25　色彩采集与重构实例（六）

二、图案

1. 图案素材收集

要创作出一幅好的图案，首先要做到平时对素材的收集，其次是对收集的素材进行整理、组织、创作，最后把握整个画面的装饰语言。

学习图案设计，应到生活中去体验感受，要尽可能多地进行素材收集。可以通过现场写生、观摩其他艺术形式或非艺术领域等途径进行素材收集。学习中要有计划、有方法地科学地进行学习与整理。例如：临摹经典传统图案、学习中外优秀的图案表现手法等；还要有继承、有借鉴地吸取古代图案和民间图案的精髓。

（1）通过写生收集素材：图案艺术家以自然界作为图案灵感启发的源点，产生"写生变化"。自然界是人类设计艺术的源泉之一，其蕴藏着合理而完美的结构、丰富而奇特的美。写生素材是通过速写、素描、白描、淡彩、摄影等方法获得直观信息，将生活中感兴趣的题材和内容进行收集整理后，构成设计装饰图案的第一手资料（图2-26）。

图2-26　通过写生收集素材——线描手法

图案涉及的题材非常广泛，有花卉、风景、动物、人物等，只有大量写生，才会更好地了解各种事物的形态结构，提高造型能力。在写生时要学会观察，无论是观察植物、动物、人物还是风景，观察方法都要遵循从整体到局部的过程，从整体角度去捕捉它们的姿态特征及所能传达出的性格特征，再从细节角度去发现局部中的细微纹理变化。写生一般多用手绘方式，借助铅笔、钢笔或毛笔完成，写生中勾线十分重要，要求结构线要流畅，要有疏密对比，尤其是白描写生。只有写生才能充足创作素材，才能设计出形式多样的装饰图案。有意识地"写生"是为创作装饰造型做准备，把收集到的素材进行归纳、变形后创作出优美的装饰图案，这需要设计者对构成美感要有充分的认识和熟练地掌握（图2-27~图2-29）。

图2-27　通过原始素材进行简单的图案变形修饰

图2-28 线描写生素材稿局部（作者：常莎娜先生）

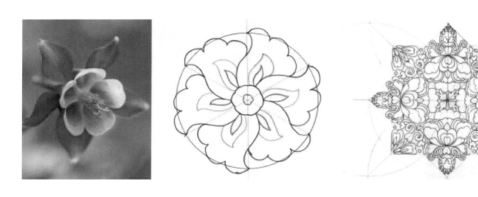

图2-29 通过写生稿进行的图案变形（作者：赵亚杰）

（2）通过其他艺术形式收集素材：现代图案设计的间接性素材可以是现实的自然物，也可以是人造的物象，它既可以是现实存在的东西，也可以是人们的想象发挥。除此之外，不同艺术形式的造型元素和形式，都可以为装饰图案所用，如绘画、雕塑、摄影、民间艺术作品以及建筑设计等，都可以成为图案题材（图2-30~图2-33）。

图2-30 《凌迟蚩尤》纸本镂刻局部图
（作者：邬建安）

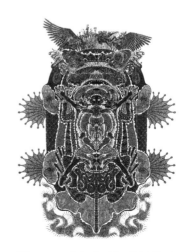

图2-31 《九重天》剪纸作品
（作者：邬建安）

图2-32　《丰收》丙烯图案（作者：白夜）　　图2-33　《吉庆》丙烯图案（作者：白夜）

（3）通过非艺术领域收集素材：联想是由一事物想到与之相关的另一事物的思维过程，通过这一思维实现事物之间在意识中的联系，往往两种事物之间的任意关联性都会成为产生联想的依据。联想的基础是记忆，主动、有意识地联想，能够积极有效地促进人的记忆与思维。想要做好联想性素材的收集，就必须学习各类知识，对生活要有丰富的观察和体验。

图案的素材收集也可以从一些与美术学关系不大的其他领域中获得，可以通过文学作品、音乐作品、现代科技、天文地理、宏观与微观世界、宇宙与海洋等获得启示。这种启示会让创作者有一系列心理反应，让创作者产生创作灵感。灵感是一种特殊的心理状态，有一定的偶然性、突发性、短暂性。只有在集中精力、不懈努力追求的条件下才可能发生，它是艺术创作的一种最佳状态，也是艺术创作的最高境界。灵感妙手偶得的作品往往很新颖，很具有突破性（图2-34~图2-36）。

图2-34　表达抽象情绪的
　　　　图案表现

图2-35　表达体验科技
　　　　游戏的感受

图2-36　表达聆听摇滚
　　　　乐的听觉感受

2. 图案平视体构图与格律式构图

构图的目的是为了作品内容的完整表达和形式的完美体现，构图是创作者的艺术构思而产生的。作品既要有丰富的内容，还要有与其适应的形式，两者结合才是获得理想效果的基础。人们对图案的习惯要求是画面的完整性，其完整性包括两个方面：内容上的完整和构图形式上的完整。在造型上要求所画物象要画得完整与清晰，主体形象突出；在构图上要有统一的形式，结构上要求严谨，避免画面的松散与零乱。

（1）平视体构图：是指我国古代传统工艺装饰的一种独具特色的表现形式。一般前景与后景在一个平面上出现，垂直线一律垂直，水平线一律水平，平行线一律平行，从而呈现出较强的装饰风格，以汉画像砖和画像石为代表。随着平视角构图的发展，在现代图案设计中应用得也很广泛。设计者大都追求画面的装饰感而人为地压缩画面空间，使画面更加二维化，可将所有的形象采用上下或左右分层平铺排列，并用同一视角去表现，这种构图既有传统图案的排列有序，又有现代图案中的变化（图2-37~图2-39）。

图2-37　汉代画像石装饰图案（平视体构图）

图2-38　平视体构图——希腊迪皮隆陶瓶图案

图2-39　平视体延伸构图

（2）格律式构图：图案大家雷圭元先生曾说："学习图案从学格律式图案开始。"在中国图案中，格律式构图是最常用的图案形式，"剖方为圆，依圆成曲"是图案最基础的构图形式，一般包括三种形式：单独纹样、适合纹样和连续纹样（二方连续、四方连续）。

①单独纹样：是构成整幅构图中的最基本单位，焦点式构图在图案组织造型过程中本身是独立完整的纹样。图案形象的结构、位置基本保持原始自然状态，与周围没有关联，纹样主体可以单独使用。由此也可以发展、形成各种各样的连续纹样及适合纹样。单独纹样的组织结构形式分为对称和均衡两种形式。

②适合纹样：是具有一定外形限制的图案纹样，它是将图案素材进行变化处理，并将所反映的题材按其要求表现在已设计好的基本几何形内，使图案纹样自身也呈现出几何外形式样。无论是否有轮廓，它都是一种外形明确的几何形或自然形。适合纹样的结构应具有适合形的特性，适合纹样的主要组织形式有发射式和旋转式（图2-40~图2-45）。

图2-40　圆形花卉适合纹样　　　　图2-41　圆形发射式适合纹样　　　　图2-42　圆形旋转式适合纹样

图2-43　方形适合纹样（一）　　　　图2-44　方形适合纹样（二）　　　　图2-45　方形适合纹样（三）

③连续纹样：包括二方连续纹样和四方连续纹样。二方连续纹样是指一种带状装饰纹样，它以一个基本纹样为循环单位，然后向左右或上下反复连续地重复排列，同时产生明确的韵律与节奏感，所以也称带式纹样。四方连续纹样指的是一种可以向上下、左右反

复循环延续的图案格式。四方连续纹样起源于陶器的装饰纹样，现代的编织和染织的图案仍以四方连续纹样为主（图2-46~图2-49）。

图2-46　二方连续带状装饰纹样

图2-47　带状装饰花卉题材纹样

图2-48　带状装饰单位纹样

图2-49　四方连续面状装饰表现

3. 图案的变形原则

（1）平面化处理修饰手法：图案是在写实绘画基础上演变而来的，当艺术家们觉得纯写实绘画不能满足人的审美情趣的时候，就随之产生了装饰图案。人们肉眼对于物象和照相机对于物象存在所呈现出的表现形式略有不同。通过照相机再现的物象是完全真实的，完全符合实事的；而人通过视觉将物象收集，通过大脑的思维整理后艺术地加以再现。再现的过程需要在相对二维的空间上表现三维立体的物象，在写实绘画中，我们要人为地弱化边缘来营造空间感；在图案中则与之相反，有时为了增强画面的装饰感要强调边缘的处理，最常用的方法就是勾边，突出边缘，或将本来具有体感的物象弱化结构线，使形象更加平面化。在图案设计中，着力寻求一种个性化、平面化的组织构成，画面的运动是通过线条和图形之间完整的、韵律般的组合来体现（图2-50~图2-52）。

图2-50 平面化修饰 图例
《繁荣》

图2-51 平面化修饰图例
《喧嚣的城市》

图2-52 运用平面化勾边处理手法进行变形

（2）删繁就简手法：装饰画面由各种素材构成，当选定契合主题的素材，我们可以将对象的主要特征抓取出来，省略次要的细节来表现素材的某个局部，简化的过程中可以用面和线等手段来概括形态，还可以适当结合夸张和添加等造型手段会使图案简洁生动、形象鲜明、富有生气。我们在提炼、归纳的时候，主要是把画面调整得秩序化和条理化，使自然形象在画面中组织得更加整齐、典型和完美。如果画面主要由线描的手法进行装饰，可以着眼于整体形象的外轮廓归纳，注重外部形态特征的整体概括，具有鲜明的影形效果，将形象内部的结构纹理进行高度的概括，省略掉局部细节，使形象更加平面化。如果画面主要是采用块面的综合表现手法，我们可以从整体形象的线面进行归纳，从形象的结构在光影下形成明暗变化入手，高度概括亮面或高度概括暗面，从而形成画面的对比（图2-53~图2-56）。

图2-53 《繁荣一》（学生作品）

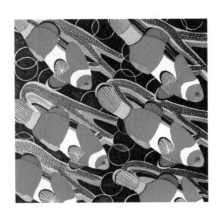
图2-54 《繁荣二》（学生作品）

图2-55　《远方》概括手法　　　　　图2-56　提炼归纳色彩概括
　　　　　　　　　　　　　　　　　　　　　　　　表达装饰图案

（3）夸张变形手法：所谓变形，指改变对象的形状，使其偏离自然的或通常的标准。在艺术中，变形指有意地夸大、缩小或改变现实中对象和现象的性质、形状、色彩，以达到最好的表现力和审美感染力。夸张是艺术创作中很重要的一种表现方法，它是将自然物象中典型的有代表性的特征进行夸大、强化的处理方法，目的是通过夸张使形象更为鲜明、强烈，给人留下深刻的印象。夸张必然带来形象的变形，也就是从写实到抽象的过渡。我们从不同角度将形象进行夸张，可以从形体特征上进行夸张，也可以从形体动态上进行夸张，针对动物和人物图案可以从神态上进行夸张。无论从哪一个角度入手，夸张都要遵循其原有的内在特征（图2-57~图2-59）。

图2-57　夸张的人物形10~11世纪彩陶盆　　图2-58　人物夸张变形　　图2-59　人物（抽象）夸张变形

4. 肌理图案的特殊性

随着人们审美要求的不断提高，对于图案的审美不再仅限于纹样、平面造型、色彩上的装饰变化，更多地开始追求肌理质感上的视觉刺激，以求创新的图案视觉效果。所谓肌理图案就是模拟自然物体有视觉、触觉察觉的表面或断面的天然纹理。自然界的物质千姿百态，肌理形态自然各不相同，如有木纹、水纹、石纹和织物纹理等。肌理图案的重要特点是以特殊材质的表现创造美感，注重肌理质感形成的特殊效果和审美价值。我们所指的肌理图案是利用材料本身的特殊性，如材料的特殊质感或材料的特殊纹理，通过特殊的质感或纹理产生特殊的视觉效果或视觉图形。

肌理图案可以直接利用特殊材质的材料进行图案创作，材料具有的独特质感和特殊纹理，本身就是纯自然美的图案，可以达到理想的装饰效果。我们也可以利用肌理图案的特殊表现效果，采用特殊材料与普通图案绘制手法相结合，使画面既有肌理的特殊质感，又有普通图案的效果，增强画面的对比，突出主题的表现。

除此之外，还可以加强多种材料的综合运用，通过拼贴、叠加、水染、多层等手法创造出各种层次关系，取得意外的装饰效果。肌理制作所产生的新奇纹理及神奇魅力激发了设计者浓厚的兴趣，唤起了创新的热情，开阔了设计者的视野与思路（图2-60~图2-65）。

图2-60　布面破口肌理图案　　　图2-61　编织肌理图案　　　图2-62　激光切割肌理图案

  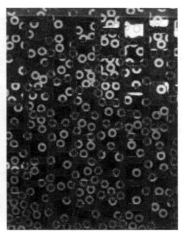

图2-63　利用旧衣物编织肌理　　图2-64　立体刺绣表现肌理　　图2-65　闪光材料粘贴涂色肌理图案

5. 图案的重新构成

　　图案重新构成的过程同样需要构思采集，要想创作出新颖生动的图案，创作者需要进行大量素材的收集，并具有将这些素材灵活运用的创新能力。当我们围绕一个主题进行创作的时候，通过整理构思采集的素材，运用最适合主题的形式将素材合理地安排在画面上或所需装饰的媒介中（服装图案、平面图案等）。图案的重新构成方法是将本身已有的素材或自己创作的素材，进行有选择性地保留精华部分，重新安排在新的创作图案中。重新构成的方法有两种：装饰造型元素重新构成和形色同时重新构成。装饰造型元素重新构成的手法主要是针对黑白图案，重新构成的侧重点在于在素材中选择代表性的装饰造型以及代表性的黑白画面表现手法，经过重新编排和构图，呈现出全新的组织构成画面；形色同时重新构成的手法主要是针对色彩图案，重新构成的侧重点除了重要的装饰造型元素以外，还要通过色彩的重新构成来实现，这种方法要求创作者具有良好的造型能力和敏锐的色彩感觉（图2-66~图2-69）。

图2-66　主要采集原图的造型进行重新构成

图2-67　图案的采集与重构图（一）

图2-68 图案的采集与重构图（二）

图2-69 通过采集黑白花卉造型重新进行变形装饰

三、色彩与图案的结合

1. 基础色彩构成规律与服装设计下的图案基础构图形式

服装配色是因人们的选择而存在的，配色要与自然环境和人的心理状态相适应，服装配色是一种创造性的审美活动。服装配色分单一色彩与多色搭配两种形式。色彩应用在服装中，无论是有彩色还是无彩色，都会给人不同的视觉与心理感受。

（1）单一色彩的服装，给人的感觉比较简约，象征语言明显。

①无彩色系的单色服装。

白色给人的感受是明亮、洁白、凉爽，可以展现出服装的优雅、明朗和轻盈。白色的适用范围广泛，可以作为正规场合穿着的颜色，能够表现出人高贵的气质，每一季的服装秀场都少不了白色的身影，而且白色还适合很多行业作为制服的基本色彩，如医护、餐饮、实验室人员等（图2-70~图2-72）。

图2-70　白色服装表现　　　　图2-71　白色创意礼服表现　　　　图2-72　白色婚礼服表现
（学生作品）

　　黑色同样是一种经久不衰的颜色，黑色给人以神秘感，可以表现出人的高雅风度，不同质地的黑色服装给人变幻莫测的感受，有时可以展现时尚的炫酷感（图2-73~图2-75）。

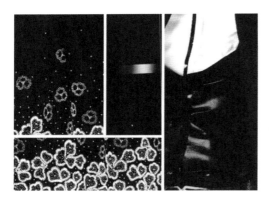

图2-73　黑色经典服装局部表现　　　　图2-74　黑色配饰展现　　　　图2-75　黑色礼服展现
（作者：韩泽坤）

　　灰色是一种介于白色与黑色之间的颜色，是表现穿着者的中性风采最佳色彩之一。不同纯度的灰色给人不同的心理感受，炭灰色给人古典优雅感，银灰色充分展示现代气息，珍珠灰可以展现材料质地的精致感（图2-76~图2-78）。

　　②有彩色系的单色服装。

　　红色具有喜悦热情之感，多用于展现女性的服装，中国红一直被认为是吉祥、幸运的代表色，红色具有很强的视觉穿透力，选择红色服装的时候要根据不同的质地选择不同纯度的红色（图2-79~图2-81）。

图2-76　灰色服装局部表现　　　　图2-77　灰色配饰展现　　　　图2-78　蓝灰色礼服表现

图2-79　红色系服装服饰表现　　　　图2-80　红色创意装表现　图2-81　红色女礼服表现

　　蓝色是冷色的代表颜色。改变蓝色的纯度可以改变蓝色所代表的意思，如深蓝色可以表现深沉，天蓝色给人清新浪漫的感觉（图2-82~图2-84）。

图2-82　宝蓝色波点服装与皮装展示　　　　图2-83　蓝色服装局部展示　图2-84　蓝色服装表现

　　绿色是中性色彩，是生命的象征，是人的视觉感觉最舒适的色彩之一。浅绿色适合春季的服装使用，其代表生机勃勃；粉绿色、薄荷绿色适合夏季的服装使用，其代表着清凉和清爽；橄榄绿色很沉稳，适合知识女性的服装使用（图2-85~图2-88）。

图2-85 墨绿色服装局 部表现

图2-86 不同材质绿色 服装表现

图2-87 绿色花纹服装

图2-88 粉绿色 春夏装

（2）多色搭配的服装配色涉及基础色彩规律的运用：无论是两色还是多色搭配，在服装色彩中的比例搭配都很重要。如果服装应用两色色彩对比，一般都是一色占主要位置，另一色以次要位置出现，上下装、内外装的颜色搭配都要遵循这个原则。两色以上色彩搭配可以充分展示色彩的对比关系，通过相互映衬突出其色彩的性质。

多色的服装色彩搭配大体可以分为同类色的色彩搭配、类似色的色彩搭配、对比色的色彩搭配和互补色的搭配。同类色的色彩是指在色相环上距离角度为5°左右的色彩；类似色的色彩是指在色相环上距离角度为30°到60°左右的色彩；对比色的色彩是指在色相环上距离角度为100°左右的色彩；互补色的色彩是指在色相环上距离角度为180°左右的色彩。同类色的色彩搭配色调统一，整体视觉刺激不强，适合清新淡雅的服装主题表达；类似色的色彩搭配比同类色的色彩搭配对比要强烈一些，视觉感也相对统一，注重细节色彩的穿插，属于色彩弱对比的范畴；对比色的色彩搭配属于色彩强对比，视觉刺激较强，搭配组合的时候要适当注意色彩比例的表达，以免造成生硬、不舒适的视觉感受；互补色的色彩搭配属于最强烈的色彩搭配，如红色与绿色、黄色与紫色、蓝色与橙色的搭配，可以适当地调整色彩纯度或倾向性，使之更具有搭配的美感，色彩中补色之间的搭配给人印象深刻，并且极易出彩（图2-89~图2-94）。

图2-89 同类色服装配色实例

图2-90 类似色服装配色实例

图2-91 临近色服装配色实例（作者：楚艳）

图2-92　对比色服装配色

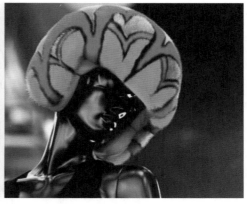

图2-93　对比色、互补色服装服饰配色实例

图2-94　系列服装色彩搭配手稿（作者：张思琦）

（3）图案的基本构图形式与服装图案设计结合非常紧密：图案的局部修饰是指在服装的各个局部如领、肩部、腰部等进行服装图案设计，其中包括边缘装饰和中心装饰。

①边缘装饰是指在服装的门襟、领口、袖口、口袋边、裤侧缝、肩部、臂侧部、体侧部及下摆等部位进行装饰，这些部位的装饰由于外边缘的造型大多是条状形，所以应用的带状装饰比较多见，也就是我们常说的二方连续纹样。除此之外，还可以应用条形的单独纹样进行装饰，也会取得不错的效果。有些特殊部位的边缘装饰如领口或者下摆的部位，可以根据服装的结构造型，适当地选择不规则形适合纹样（图2-95、图2-96）。

②中心装饰主要是指对服装边缘以里的部位，如胸部、腰部、腹部、背部等进行装饰。对于这些部位的整体装饰，我们可以选择完整的单独图案进行装饰，比如T恤正面中心的装饰，可以选择完整的动物、人物或者卡通图案等。中心装饰还可以将服装的整个前

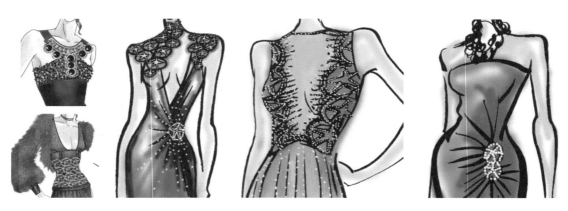

图2-95　礼服局部边缘带状装饰图案的表现（作者：赵亚杰）

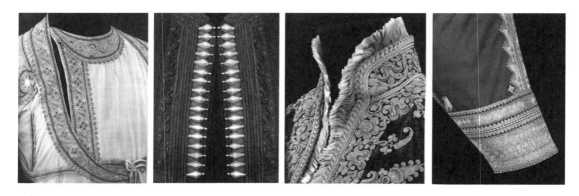

图2-96　边缘带状装饰图案经典图案样式的表现

片作为装饰区域，采用规则的四方连续纹样或者不规则图案纹样按照一定规律的排列；背部装饰采用比较完整的大面积的纹样进行装饰。中心装饰有传统纹样的装饰，也有现代纹样的装饰，要根据整体服装的风格来确定装饰纹样的风格（图2-97~图2-101）。

图2-97　经典中心装饰图案在服装中的应用

图2-98 同款式不同图案样式的系列装饰（作者：赵亚杰）

图2-99 系列中心装饰T恤图案设计（作者：于溪）

图2-100 系列休闲T恤图案设计（作者：孙红蕊）

图2-101　女装礼服图案设计手稿（一）（作者：刘丹妮）

2. 服装色彩肌理与图案肌理的结合设计

　　无论是在色彩领域还是在服装领域，材料质感都是非常重要的因素。材料的质感不同，其反光率就不同，反映出的颜色自然也不同，所以设计师会根据材料的质感特点来斟酌色彩设计和图案设计（图2-102~图2-104）。材料的质感会影响到色彩的表情，不同材料的质地差异会产生不同的色彩效果。例如，同种的黄色在编织材料上其色彩表情是粗犷

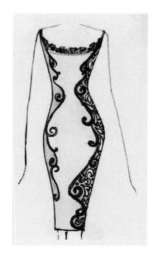

图2-102　女装礼服图案设计手稿（二）（作者：霍然）

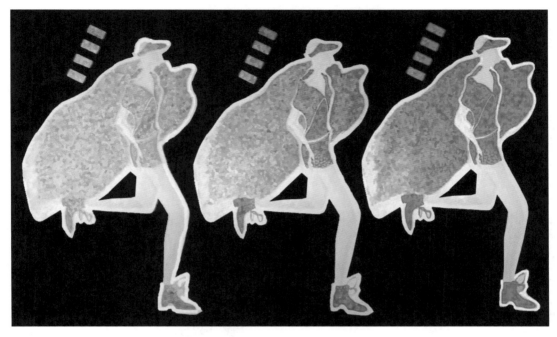

图2-103　系列休闲服设计 肌理感邻近色推移表现

图2-104　黄色在不同服装材质上的不同效果

而朴素的，在丝绸上其色彩表情是轻快而活泼的，在不锈钢上其色彩表情是冰冷而理智的。在艺术设计当中，恰到好处地应用色彩和材质的肌理效果，能更好地传达设计构想，会使服装产生强烈的吸引力和较好的艺术效果。

概念服装设计中，为了形成强烈的视觉刺激，引起人们的注意，设计师可以采用一些发光的、残破的、褶皱的、塑料的肌理质感效果，以及玻璃、亮石、金属等附着物结合荧光色、怀旧色、金属色，使服装显得奇异另类。在服装肌理的设计中，可以将色彩和图案结合表现，比如服装的褶皱肌理表现，可以是相对平面化的褶皱，也可以是改变结构的夸张的褶皱肌理表现。服装的褶皱肌理的表达是采用跟中国写意水墨画的风格比较相似的处理手法；服装的格子肌理的表现可以是规则的格子，也可以是不规则格子，格子肌理也可以作为局部的修饰出现；服装的几何肌理表现在服装中应用得较多，可以表现多种主题。除了上述的各种肌理以外，在现代服装设计中比较多见的还有乞丐肌理、蕾丝肌理等肌理（图2-105、图2-106）。

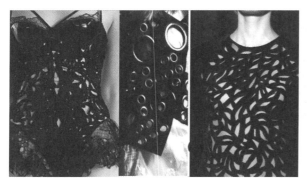

图2-105　立体、镂空肌理在服装设计中的应用　　　　图2-106　闪光现代材料肌理展示

3. 采集与重构在服装色彩设计、图案设计中的表现

采集与重构的构成方法在前面的基础知识中已有过介绍，在服装设计过程中可以通过对已知素材的分析采集，将收集到的配色信息以及图案纹样应用到服装的色彩与图案设计中去，使整体服装设计与已知素材配色信息、图案纹样既有相近似风格，又有独特新颖的创新元素（图2-107~图2-122）。

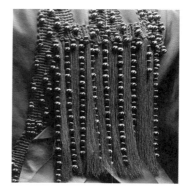

图2-107　水彩染色肌理的表现　　　图2-108　幻变肌理在服装　　　图2-109　镶嵌肌理在服装
　　　　　　　　　　　　　　　　　　　　　　　中的表现　　　　　　　　　　　细节中应用

图2-110　褶皱肌理应用局部　　　　图2-111　自然材料与刺绣印花结合应用　　　　图2-112　立体绣与
　　　机织面料

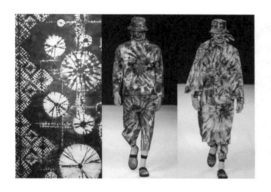 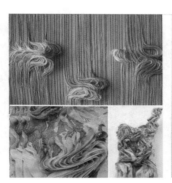

图2-113　扎染肌理在服饰中的应用　　　　　　　图2-114　现代艺术品肌理采集应用

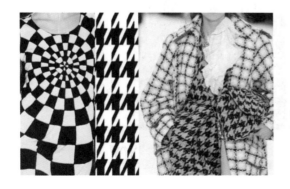 

图2-115　几何格子肌理表现　　　　　图2-116　图案的采集与重构——佩
　　　　　　　　　　　　　　　　　　　　　　　兹利纹样的采集与重构

图2-117　水墨肌理采集与重构表现

图2-118　色彩的采集与重构表现（一）

图2-119　色彩的采集与重构表现（二）

图2-120　图案的采集与重构表现（三）

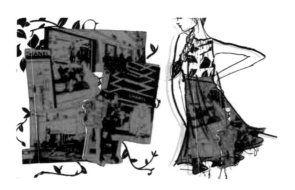

图2-121　色彩与图案的结合采集与
重构表现（一）

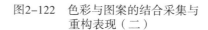

图2-122　色彩与图案的结合采集与
重构表现（二）

第二节　技能提升训练

一、色彩与图案的形式美法则

"美的规律"是在人类社会产生后产生的，是在人的审美和艺术创造实践活动过程中逐步形成和发展起来的，因此美的规律属于社会规律。任何一种色彩、造型，都有自身的美感，装饰色彩与造型中的美体现在它的表现语言和形象的优美程度，如线条、色彩、图形、构图等。形式美法则包括：统一与变化、对称与均衡、节奏与韵律、对比与和谐。

（1）统一与变化：是一对辩证的矛盾关系，统一与变化是形式美法则中最基本的原则。自然万物充满着各种各样的变化，但又统一于某种形式之中，所有的艺术表现更是如此。统一与变化既相互对立又相互依存，舍去一方，则另一方不复存在（图2-123~图2-126）。

图2-123　统一与变化具体表现（一）

图2-124　统一与变化具体表现（二）

图2-125　统一与变化具体表现（三）

图2-126　统一与变化具体表现（四）

（2）对称与均衡：对称是等量等形的组合关系。例如，古埃及的金字塔是对称美的典范，中国的古建筑、亭台楼阁、庵观祠庙等，其外形都是采用对称形式而呈现出其庄重严肃的美感。均衡是一种等量而不等形的现象，它比对称在表现上有更宽的自由度，也是装饰图案中运用最为普遍的一种表现形式。对称能给人稳定感，但过多使人感到单调呆板；均衡没有对称的结构，但有对称式的重心，给人同量不同形的感觉，体现了变化中的稳定（图2-127~图2-131）。

图2-127　对称与均衡表现组（一）　　　　　　图2-128　对称与均衡表现组（二）

图2-129　对称与均衡表现（三）　图2-130　对称与均衡表现（四）　图2-131　对称与均衡表现（五）

（3）节奏与韵律：本是音乐术语，借用到视觉审美中就具有了新的内容与意义。自然界中有很多自然现象具有节律现象，节奏原指音乐中长短节拍，在艺术中指有规律地出现的音或形、色的连续交替组合的现象。韵律原指诗歌中抑扬顿挫的感觉，和谐为韵，有规律的节奏为律。通过色彩的形状、明度及其他规律性来表达节奏感。（图2-132~图2-134）。

（4）对比与和谐：对比存在于画面的形与形的关系中，存在于形象的表现和构成的方式中，存在于画面各种因素的编排中。对比与和谐是变化与统一的具体表现。所谓对比，就是有效地运用差异，形成视觉上的张力，给人以明朗、肯定、强烈、清晰的视觉效果。对比强调彼此的差异，和谐强调相互的近似，它可最大限度地减少各个部分的差异来突出共性因素（图2-135~图2-137）。

图2-132　装饰元素沿着一定的
轨迹形成律动感（作
者：雷圭元先生）

图2-133　活泼跳跃的节奏与韵律

图2-134　装饰元素以大小不
同排列位置不同而
形成一定的节奏感

图2-135　对比与和谐表现

图2-136　对比与和谐《喧嚣的城市》

图2-137　对比与和谐《共生》

1. 色彩表达的形式美

（1）色彩的统一与变化：当画面中色彩作为主要表现手段的时候，需要对画面有整体的色彩风格的把握，也就是色调的统一，或冷调、或暖调、或高调、或低调、或艳调、或灰调。在统一色调的情况下，通过细节色块的分割搭配表现变化。变化因素越多，动感就越强；统一的因素越多，静感越强。

（2）色彩的对称与均衡：以色彩表达为主的画面强调对称与均衡主要是从色彩面积对比中求得的。对称的色彩面积划分是相对比较规整的。色彩均衡是通过灵活的色彩面积划分，将画面色彩布局合理化。强调色彩的均衡，画面的色彩表达更加具有跳跃性与亲切感。

（3）色彩的节奏与韵律：可以通过色彩的形状由大至小或由小至大，色彩的明度由深及浅或由浅及深，逐步通过色彩的某种规律性来表达节奏感。

（4）色彩的对比与和谐：对比的表达可以通过明度对比、纯度对比、色相对比等实现。有对比就要有和谐，在强调色彩对比的同时，色彩的调和规律的应用也是必不可少的，减弱各色彩之间的强烈对比能增强画面的和谐感。把握住形式美的法则，避免杂乱无章的色彩表达，利用色彩元素给人以视觉上的愉悦感受（图2-138~图2-141）。

图2-138　色彩的对比与均衡表现

图2-139　色彩的节奏与韵律表现

图2-140　色彩的对比与和谐表现（一）

图2-141　色彩的对比与和谐表现（二）

2. 图案表达的形式美

（1）图案的统一与变化：创作一开始就要对画面有一个总体的构思，包括表现手法、风格样式造型的确定，整个设计过程中更要随时提醒自己关注画面各种关系的和谐统一，这是一幅作品成败的关键。既统一又变化，既主题鲜明又变化丰富、具体鲜活，这样才能使作品完整统一，特征强烈，同时又细致耐看，生动灵气。统一可以借助于夸大或强调画面中的某一元素，使其在画面中成为绝对优势，以形成画面的主调。

（2）图案的对称与均衡：造型上是等量等形的关系，无论左右对称造型还是上下对称造型或斜角度对称造型，都具有稳定感。但对用于传统图案或纺织品面料的设计时，过多的对称装饰会产生单调感。均衡的图案是一种等量而不等形的表现，图案的均衡都表现在造型构图上，当然也可以通过动势的平衡、空间的平衡或画面装饰语言表达的平衡来体现。对称与均衡的装饰各有千秋，我们应按照不同的设计意图，灵活巧妙地加以选择。

（3）图案的节奏与韵律：画面注重节奏与韵律，会使图案形象和设计要素具有强烈的秩序感。图案的节奏可以通过形象及要素，有秩序地反复和刻意安排而形成大小比例、疏密、间隔、长短高低、虚实间隙等变化。图案的节奏实质就是空间形象的反复和变化，引导人们的视线有秩序地运动。节奏与韵律有着密切的内在联系，节奏是韵律的基础，韵律是节奏基础上的个性体现，节奏与韵律是相辅相成、密不可分的两部分。

（4）图案的对比与和谐：对比是变化的运用，和谐是统一的体现，事物都是通过比较才体现出差异和特征。图案的对比与和谐最重要的是把握好表现的程度，过分地对比会显得画面杂乱无章，适当地对比再加上和谐地运用，才会创作出赏心悦目的图案画面（图2-142~图2-147）。

图2-142　图案统一与变化

图2-143　图案造型均衡表现

图2-144　图案造型对称表现

图2-145　图案对称与均衡
（作者：王喆）

图2-146　通过黑白关系表现
节奏与韵律

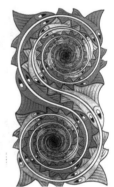

图2-147　通过造型轨迹
表现节奏感

3. 服装设计中形式美法则的综合运用

服装设计中，无论是色彩设计还是图案设计，形式美法则的运用无处不在。色彩设计比较注重比例的搭配和整体均衡的设计，在服装色彩的实际配色中为了表现出和谐的色彩搭配，都会选择一个色彩作为主色，其他色彩作为辅助色出现。一般一套系服装的色彩，根据结构或色块比例关系等条件约束下，控制在六种颜色或一定范围以内，色彩面积的比例搭配直接影响其配色是否和谐。如果选用补色作为服装的主要对比色彩，两色的比例必须是一个主调一个辅助，否则面积比例对等的话，由于色彩对比强烈，会产生生硬、不协调感。

色彩的均衡表达是靠明暗轻重、色彩强弱、面积大小、冷暖对比等实现的。服装配色时，我们可以刻意地将色彩的形状趋于相似，视觉上取得绝对的均衡感；也可以注重色彩的强弱、轻重等关系，表现出相对均衡的视觉感；或者注重上下均衡、前后均衡等。

图案设计方面比较注重整体节奏的把握和造型秩序感、层次感的表达。图案设计可以按照规律性来表达造型的节奏感，通过装饰造型和色彩做有规律的循序反复；也可以将装饰造型或整体的表现语言由大至小或由小至大，由繁及简或由简到繁，通过渐变的形式来表现节奏感。服装图案的整体装饰感的表达通过在变化中寻求统一，在多样中求得统一，在统一中寻求变化，通过单位纹样的细节变化来突出服装的层次感（图2-148~图2-154）。

图2-148 色调与图案的整体均衡表现

图2-149 装饰造型在服装上的规则排列体现节奏感的表现

图2-150 服装的上部与下部排列统一

图2-151 颜色与面料质地的和谐表现

图2-152 装饰图案上下均衡表现

图2-153 色彩与图案对称表现

图2-154 装饰色彩的均衡与图案的均衡表达（作者：刘丹妮）

二、色彩与图案的心理效应

研究色彩与图案的心理效应，除了必须对色彩自身的规律性、图案自身的装饰性有所理解之外，还必须研究色彩与图案的客观性质对于人的知觉造成的各种刺激，以及由此而产生的各种心理状态与联想。

1. 色彩的联想、象征与喜好

当色彩作用于人们的视觉器官的时候，必然会出现视觉生理刺激和感受，同时也必将迅速地引起人们的情绪、精神、行为的一系列的心理反应。

色彩的心理效应分为单纯性心理效应与间接性心理效应。由色彩的物理性刺激直接导致的某些心理体验，可称为单纯性心理效应，这种效应常常会随着物理性刺激的消失而消失；一旦这种单纯性效应在人们的记忆中造成一种强烈印象时，就会唤起记忆中其他感受，以致形成一连串的心理反应，这种心理效应称为间接性心理效应。

色彩的冷暖感、轻重感、兴奋与沉静感、华丽与朴实感都属于色彩的单纯性心理效应，这些色彩感觉都跟其色彩的基本属性有着密切的关系。比如，色彩的兴奋与沉静感的决定因素是色彩的色相与纯度；色彩的冷暖感的决定因素是色彩的色相；色彩的轻重感的决定因素是色彩的明度与纯度等。我们看到每一种色彩，无论是有彩色还是无彩色，都会产生相应的心理感受。红色富有刺激性，给人活泼、生动和不安的感觉；橙色比红色的明度高，它使人兴奋并具有富丽、辉煌、炽热的感情；紫色所呈现的是一种神秘感，表现出一种孤独、高贵、优美而神秘的感情（图2-155~图2-158）。

图2-155 色彩宁静、朴实感表现

图2-156 色彩兴奋与喧闹感的表现

图2-157 色彩华丽感表现

图2-158 色彩沉静与阴郁感的表现

　　色彩的间接性心理效应，主要是由色彩的联想和色彩的象征产生的。对于配色来说，色彩联想很重要，联想越多，表现便越丰富、越新颖，色彩的联想分为具体联想和抽象联想。具体联想是由色彩联想到具体事物，是接近相似的联想，这种联想多发生在青少年和儿童中间，比如看到红色就联想到太阳、火焰等。抽象联想是指色彩直接联想到抽象的概念，是关系与意义的联想，这种联想多发生在成年人当中，比如看到红色就联想到热情、温暖、危险等（表2-1）。

表 2-1 日本色彩学家调查列表

颜色	具体联想	抽象联想
红色	火焰、太阳、血、救火车	热情、温暖、危险、革命
橙色	橘子、晚霞、柿子	温和、高贵、活力、甜美
黄色	香蕉、木瓜、黄花、柠檬	色情、妖艳、明快、希望
绿色	草、树叶、新鲜嫩草	舒适、生长、清晰、和平
蓝色	海洋、蓝天、水、湖水	开朗、凉快、清爽、理想

续表

颜色	具体联想	抽象联想
紫色	葡萄、茄子、紫菜、紫藤	高贵、神秘、高雅、古朴
白色	白云、雪、白兔、砂糖	纯洁、空洞、清楚、神秘
灰色	水泥、老鼠、马路、阴天	死亡、神秘、失望、消极
黑色	头发、木炭、黑夜、墨	恐怖、脏、悲哀、严肃

　　色彩的象征性，由于人们所处的地域、民族、历史、时代不同，因而就将色彩赋予了特定的意蕴和专有的表情，形成了约定俗成的文化现象，所以色彩的象征是文化的结晶，是历史沉淀的产物，具有历史传承的性质。

　　色彩象征是等级制度的体现，在等级制社会里用色彩表明人的尊贵、卑贱，将不同色彩划分出不同的等级和社会地位，形成色彩象征的重要功能。色彩的象征也可以体现不同的宗教信仰，比如基督教的典礼中：红与绿代表圣诞节，黄与紫代表复活节，橙色代表圣诞节；在佛教中，金黄色、黄色昭示了西天的超脱；在西藏信奉的喇嘛教，认为紫红色意味着虔诚、奉献、高尚、无私等。

　　色彩除了象征着社会地位、等级、宗教信仰之外，色彩的象征意义还表现在其他方面。比如色彩对时间的象征，世界上不少国家以色彩的不同，代表时间的更变。东南亚的泰国和柬埔寨以每天衣服色彩的更换，表示一周不同的时间；在欧洲自古就存有以不同的色彩表达日月星辰的习俗和传统。色彩因地域不同所象征的意义也不同，见表2-2。

表 2-2　典型色彩象征意义

典型色彩	中西方	象 征 意 义
红色	中国	兴奋、火的象征、幸福、喜庆、传统节日色彩
	西方	嫉妒、杀戮、圣餐、祭祀，粉红色：祥和、健康
黄色	中国	崇高、光辉、壮丽、权利、财富、永恒
	西方	卑鄙、绝望、下等，伊斯兰教中象征死亡
绿色	中国	和平、安全、年轻、安定
	西方	伊斯兰教象征神圣、吉祥，基督教象征复活、永生
紫色	中国	高贵、帝王专属色（紫禁城、紫诏）、优雅
	西方	庄重、高贵，古埃及紫色象征大地
白色	中国	古代白事的专用色，丧服、素雅
	西方	和平、神圣、婚典用色、圣洁

每个人对色彩的喜好是不尽相同的，形成这种对色彩喜好的区别，主要是受到社会环境的影响，也受到年龄、性别、性格、职业、民族、教育背景、宗教等综合因素的影响，所以色彩的喜好具有地域性和阶级性特点（表2-3）。

表 2-3　各个地区色彩喜好调查表

地区	代表国家	色彩喜好
亚洲地区	中国	喜欢中国红色、绿色、黄色、蓝色
	日本	喜欢樱桃红色、大红色、浅蓝色、绿色
	韩国	喜欢红色、绿色、黄色
	巴基斯坦	喜欢金色、银色、翡翠绿色
欧洲地区	德国	喜欢艳蓝色、明黄色、鲜橙色
	意大利	喜欢浓郁的红色、绿色、茶色、蓝色
	英国	喜欢金黄色、绿色、蓝色
	罗马尼亚	喜欢红色、黄色、绿色、白色
	荷兰	喜欢蓝色、橙色
非洲地区	埃及	喜欢黑色、白色、金色、绿色、青绿、浅蓝、橙色
	摩洛哥	喜欢红色、绿色、黑色
	利比亚	喜欢绿色
美洲地区	加拿大	喜欢素雅的颜色：淡黄、橄榄绿等
	墨西哥	喜欢红色、绿色、白色
	阿根廷	喜欢红色、黄色、绿色

2. 图案造型的象征意义

在服装设计中，图案起到了标志性的作用，具有强烈的象征意义。从表情达意的角度看，图案的形象性特征显然比服装的结构特点和材质肌理更为直观。因此，图案在服装中是最容易被穿着者用来传达信息的部分，成为表达服装整体精神性因素必不可少的一部分。各种不同类型的图案应用在服装当中具有不同的代表意义，设计师在考虑装饰手法的时候还要充分考虑服装整体的风格，使图案与之相配合、相适应。

服装图案可以分为两大类：抽象图案与具象图案。抽象图案包括几何图案、随意形图案、幻变图案、文字图案、肌理图案等；具象图案包括花卉图案、动物图案、风景图案、人物图案等。

抽象图案主要具有形态单纯、简洁、明了的特点，并富于某种规律性。抽象形态中的几何形、随意形、幻变形、变形文字、肌理的意外形，将这些形态以随意的色彩、放任的线条、不和谐的分割、歪歪扭扭的形状，漫不经心地不规则地装饰在服装上，体现出一种轻松、奇异、洒脱、别出心裁的风格。

　　具象图案在不同装饰元素具有不同的意义。常用花卉、动物、风景、人物等题材，都具有多样性特点。花卉图案的造型随意性很大，在服装中的修饰位置也相对灵活，有的花卉品种具有一定的象征意义，如牡丹、芍药等，花卉图案所修饰的服装类型多为女装，花卉造型加上色彩的修饰表达一种生机勃勃、青春靓丽的风格。动物图案的应用不如花卉图案那样广泛，动物的形象一般都以完整形象出现，动物图案在服装中的适用对象较为有限，一般多用于休闲装和童装，卡通形态的动物图案、动态的动物图案给人童趣、贴近自然的真实感。风景图案多出现在休闲装、便装和展示性的服装上，服装中的风景图案大多是经过高度提炼、归纳和重新组织的，表达广阔的空间感。人物图案在服装修饰当中经常见到，如电影剧照、明星肖像和绘画人物等，人物的装饰可以突出整体服装的特色，通过时尚人物表达时代感（图2-159~图2-167）。

图2-159　花卉图案

图2-160　动物图案

图2-161　风景图案

图2-162　人物图案

图2-163　幻变图案表现的服装

图2-164　彩色幻变的花卉图案

图2-165　线条与花卉组合的图案时装

图2-166　丹宁面料上的几何图案

图2-167　具象花卉图案在女裙中的多样应用

3. 色彩与图案的心理效应在服装设计中的表现

色彩与图案都有其代表意义及心理感受，由于服装配色及图案装饰受到诸多因素的影响，如服装的面料、服装的款式、服装设计针对的季节以及服装的不同穿着对象等，在特定的条件下又赋予了色彩（表2-4、图2-168~图2-175）与图案（表2-5、图2-176~图2-183）特殊的代表意义。

表 2-4　服装典型色彩的代表意义

代表色彩	代 表 意 义
红 色	喜庆、大吉大利、逢凶化吉
橙 色	热情、爽朗、乐观、外向、喜悦
深咖色	自然、随意、休闲、世俗
黄 色	权威的、夸张的、外向的、前卫的、戏剧化的、礼仪的、安全的

续表

代表色彩	代表意义
绿色	环保、军事、和平、青春、淡雅
蓝色	体力劳动者、学生时代、东方情调、海军、航天、品位
紫色	高贵的、浪漫的、神秘的、忧郁的
白色	正式、庄重、纯洁、宗教、卫生、俏丽、朝气
灰色	优雅、端庄、稳重、低调、职业
黑色	严肃、正式、职业、礼仪、前卫、个性、阳刚

图2-168 黄色服装表现

图2-169 橙色礼服表现

图2-170 浅色系色彩表现

图2-171 白色服装表现

图2-172 绿调礼服（作者：韩楚彤）

图2-173 黑与金色调礼服（作者：李丹）

图2-174 青色调礼服（作者：张文慧）

图2-175 水粉色调礼服（作者：张文慧）

表2-5　各种类型图案在服装中应用

图案类型	服装类型	典 型 特 征
民族图案	传统民族服装、时尚装	富有异国情调，华丽鲜艳，造型装饰感强，具有返璞归真的原始感觉，时尚装中小面积的民族图案的装饰成为整体的亮点
古典图案	古典服装、复古风格服装	富丽堂皇的感觉，以高雅和谐的风格出现，古典与现代的融合
自然图案	田园风格服装	展现服装悠闲、舒畅、自然的田园生活的情趣，以自然色彩、自然形态装饰服装
卡通图案	休闲装、童装、青年男女装	夸张的新形象、色彩和造型融入主观色彩，夸张的造型，幽默风趣的表达，独具个性的形象表达

图2-176　民族图案在现代成衣中的应用

图2-177　传统古典图案在高级时装中应用（作者：郭培）

图2-178　自然花卉图案在现代女装中的应用表现（作者：楚艳）

图2-179　自然图案在品牌夏季女装系列中的应用

图2-180　自然肌理图案的设计表现（学生作品）

图2-181 生物骨骼主题造型图案

图2-182 装饰卡通图案应用

图2-183 唇形卡通图案应用

三、色彩与图案的流行元素

1. 色彩流行的形式与特点

在一定时期中，为大多数人们所喜爱和接受的、广为流传的色彩和色调称为流行色彩（Fashion Colour）。流行色彩在社会生活、商业设计中应用很广泛，服装服饰、纺织品行业更是主要应用范畴。一般情况下，我们可以通过权威的流行色发布机构发布的信息中获得每一季的流行色彩。比如，国际流行色协会即国际时装与纺织品流行色委员会（International Commission For Colour In Fashion & Textiles）、《国际色彩权威》杂志（*International Colour Authority*），除了从权威发布机构获得流行信息之外，我们还可以通过一些权威的网站获得最新流行趋势，比如世界时尚资讯网（Worth Global StyleNetwork）、时尚资讯网（Stylesight）。

流行色具有时间性、周期性、区域性的特点。根据流行色彩的影响程度和流行时间长短可以分为时代流行色、年度流行色、季节流行色等。流行色彩相对都是短暂的，服装的流行色彩一般按照季节来划分，分为春夏季或秋冬季。流行色彩具有一定的周期性，某种色彩在消失几季过后会重新流行起来。由于流行色受到文化背景、生活方式、消费习惯甚至气候条件等因素的影响，因此流行色也具有区域性，有的时候以国家为单位，有的时候会以某个省或某个城市为单位。流行色可以增强季节性的新鲜感，循环往复随着季节流行，除了流行色的运用以外，设计的过程中还要充分考虑到常用色与流行色的综合运用。流行色对商业设计的影响，主要表现在调节消费心理和引导方面。

2. 各种题材与时尚信息结合主题的图案设计

图案的情感是与时代密切相关的，它利于针对创意思维进行拓展练习。新颖、独创、富有时代特色的图案设计，能够打动人心，富吸引力，引起人们的共鸣，带给人美的享受。国外对于流行色、流行样式、流行款式的变化研究，给图案的发展不断提出新的要求。新的总要代替旧的，这是自然规律。即便是循环，这种循环也是上升式的循环。图案类课程除了基础题材的训练之外，还会增加一些与当今社会现状、当代词汇以及年轻人的心态相结合的题材来进行创作。

如图2-184所示，作品灵感源于作者对摇滚的热爱，它是一种信仰，是一种迸发的能量，是可以让你忘却忧愁的工具。在这系列三幅作品中，具象的是表现摇滚乐手陶醉在迷幻的摇滚乐中，抽象的是表现在这种音乐形式中作者思想里爆发出的兴奋、快乐、激情，是通过爆炸线和错综复杂的线条等抽象元素来诠释的。具象与抽象相结合表现的是乐手的嘴与麦克风的爱恋，以及在音乐氛围中的交融画面，整个画面出现绚烂、迷离的效果。作者喜欢稚拙派风格，在这系列三幅作品中采用的绘画风格是在稚拙派风格的基础上加了一些漫画的绘画元素，选用彩色铅笔和水彩笔作为绘画用的工具，这是摇滚的自由与丰富的绘画形式相结合的新颖的表现风格。整个系列作品色彩由较鲜艳奔放的颜色所组成，赤、橙、黄、绿、青、蓝、紫的彩虹色系，代表活泼愉悦的心情及摇滚中的自由、直率。此类图案非常适用于T恤设计、年轻都市风格的夹克卫衣或款式比较夸张特别的服装。

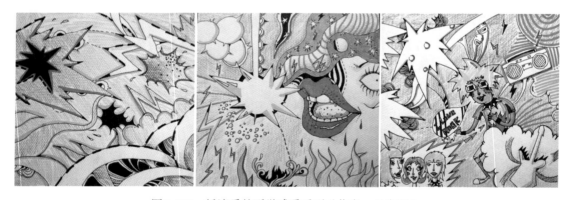

图2-184　摇滚乐的听觉感受系列（作者：吕寅剑）

如图2-185所示，创意图案通过夸张小孩子的视角去观察整个社会的人及动物，反映复杂的社会关系，人与人之间千丝万缕的联系。整幅作品是在黑色卡纸上用银笔勾勒出形形色色的人的形象，黑白疏密对比恰当。

如图2-186所示，作品创作灵感来源于地铁中的嘻哈小子，嘻哈小子的穿着具有青春活力的特点。本作品用嘻哈风格的人物来代表个性较强的80后，一个打扮休闲的年轻人正穿梭在城市的高楼大厦中，大刀阔斧地向前迈着步子，在经济危机的环境下找工作的焦灼心情以及状态。人物形象是整个画面的核心，建筑背景只是用简单的线来概括说明。

如图2-187所示，整张画的设计来源于三里屯Village。三里屯是一个汇集各国元素的时尚之地，这里色彩丰富、充满动感，每天都有新的元素注入进来。在此幅作品中，作者着重表现了它的色彩斑斓，人们匆匆忙碌的脚步。人们留恋于那些五颜六色的物品，竭力去适应紧凑的生活节奏。现在Village是北京的标志性建筑之一，奇特的建筑构造让人印象深刻。

图2-185 《悟》学生作品   图2-186 《经济危机中的我们》   图2-187 《三里屯Village印象》
　　　　　　　　　　　　　　　（作者：闫文景）　　　　　　　　　　（作者：李贺）

3. 流行色在服装设计中的综合表现

近几年的色彩流行趋势仍然离不开黄色、粉红色、红色、紫色、绿色、蓝色等几个主要色彩，这些主要色彩在服装色彩中出现的频率非常高。

（1）黄色：属于季节感不明显的色系，透射出温暖浓郁的韵味，包括向日葵色、金黄色、金属光泽黄色在内的黄色调，给人注入热带能量，活力十足。在未来的流行色彩中会不断出现偏于自然界的黄色，如酸柠檬色、香蕉色和姜黄色等（图2-188）。明度高的黄色，不适合日常大面积使用，容易产生视觉疲劳感，可以单件成衣或作为围巾配饰等点缀搭配使用。黄色与黑、白、灰无彩色的搭配，容易产生复古、高级、时尚之感。

图2-188 流行色主色彩——黄色的表现

（2）粉色：女性喜欢的颜色，清新可人、温柔甜美，给人带来甜蜜能量。在粉色的应用中，要注意形成对比效果。恰当适用粉红色、银粉红色以及闪动的樱桃色，会让粉红色呈现出浓浓暖意（图2-189）。大面积使用粉色，效果醒目，日常使用可以选择降低饱和度。粉色作为主色调，常常与中性色调或灰色搭配。

（3）红色：每一季色彩都必不可少的鲜艳色彩，活力热情与兴奋快乐的语境。红色可以体现激情色彩，也可以呈现叛逆的色泽。当红色应用在秋冬季服装中，采用柔和色泽的酒红色和波特色与火红色形成对比，会使红色显得更加奢华、浓郁（图2-190）。

图2-189　流行色主色彩——粉色的表现

图2-190　流行色主色彩——红色的表现

（4）紫色：优雅、庄重的代表色，可与淡紫色和黑莓色搭配。春夏季紫色调可以采用更加女性化的热辣、性感色泽，包括紫色、深紫红色和紫红色（图2-191）。

图2-191　流行色主色彩——紫色的表现

（5）绿色：和平、生命的象征。春夏季的绿色格外引人注目，给人清透、纯粹的感觉，典型代表色有薄荷绿色与梧桐绿色；秋冬季的绿色变得更加沉稳。可将橄榄绿色、孔雀绿色和绿玉色组合在一块儿进行搭配（图2-192）。

图2-192 流行色主色彩——绿色的表现

（6）蓝色：天空、海洋的代表颜色。春夏季变得澄清透明，彰显海洋蓝色的清爽之感。在服装设计中多采用海泡石色、天蓝色、靛蓝和海军蓝色；秋冬季蓝色变得更加忧郁、阴沉，在服装设计中多采用松石蓝色、蓝绿色和墨蓝色（图2-193）。

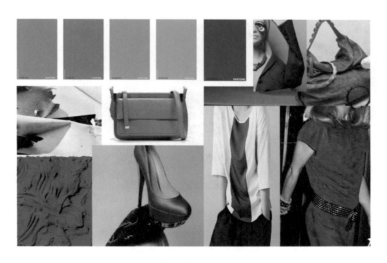

图2-193 流行色主色彩——宝蓝色的表现

（7）粉蜡色：给人清晰、凉爽的感觉。春夏季的杏仁色、柔和绿色、糖果粉色和粉笔蓝色与之混合搭配显得更加柔和；秋冬季可以增加色调的暖感，富有活力，可采用浓密的粉红色、奶油色和绿茶色与其搭配（图2-194）。

图2-194　流行色主色彩——粉蜡色的表现

（8）灰白色：流行色彩中必不可少的颜色。春夏季清晰的混凝土色、鸽灰色、炭烧灰色和钢青色在服装设计中应用的较为广泛；秋冬季的灰白色调就逐渐变得柔和。服装设计中灰色与暗蓝灰色结合在一起会给人一种沉稳的感觉（图2-195）。

图2-195　流行色主色彩——灰色的表现

（9）橙色：通过转调变成沙色羞红色调，含蓄而内敛。春夏季的橙色可以变换色彩节奏，呈现明亮、强烈的柿子色、火焰橙色等；秋冬季的橙色趋向于化妆品色彩，服装设计中多采用天然红润色调的珊瑚色、铜色和赤褐色（图2-196）。

（10）棕色：服装领域里常见的色彩。春夏季的棕色呈现浓郁的金棕色、光泽淡赤黄色和树皮色等；秋冬季的棕色色调变得更加温暖。由于受到抽象派绘画风格的影响，浓郁奢华的巧克力色、香料色和黄铜色在服装设计中应用较为广泛（图2-197）。

图2-196 流行色主色彩——橙色的表现

图2-197 流行色主色彩——棕色的表现

除了以上常见流行色彩以外，还有四种关键色调值得强调：

（11）纯白色：清晰透明是纯白色调的关键特征，彰显白色的静谧和精神特质。饱满的杏仁色和花瓣粉红色让纯白色显得柔和。粉状、真丝般和透明的质感纹理满足了人们对于触觉的需求。

（12）中性色：朦胧的绿色充满怀旧的韵味，让人联想起20世纪70年代的唯心主义风格。在压抑的氛围下，休闲、友好和柔软的美感让人感到惬意舒适，通过温暖色调的油灰中性色体现。柔和的绿色、沙色、灰蓝色和黏土褐色通过朦胧的中间色调营造怀旧、静谧的特质。模糊的色彩是对于经典中性色调更加优雅的演绎。

（13）海蓝色：神秘的汪洋大海启发有趣的调色板。各种各样的温暖蓝色调即刻让人感到静谧且冲击力十足，为设计产品注入活力。蓝色调让人感到静谧且冲击力十足，恰当地应用会为设计产品注入活力。柔和的海泡石蓝色调加深为靛蓝色和浓郁海军色，适合于全身搭配的完整系列。

（14）粉红色：本季的粉红色亮丽并透露浓郁的女性气息，同时还融入了热带元素。柔和的玫瑰色加深为甜蜜粉红色、温暖珊瑚色和紫红色，而宝石红则与暗淡的色彩保持平衡，鲜润的色泽营造显著的天然造型。

4. 流行图案在服装设计中的综合表现

流行图案类型包括：花卉图案、小型花朵图案、织锦花缎图案、数码印花图案、抽象网格图案、粗条纹图案、混合波点图案、几何图案等。

（1）以花卉为基本元素的图案。

①花卉图案：有写实风格、混合数字风格和模糊花卉风格，此种风格图案给人花团锦簇的视觉感，色彩搭配可以艳丽，也可以清新淡雅，适合的服装风格比较广泛（图2-198）。

图2-198　花卉图案的表现

②卡通图案：由丰富题材提取的简单卡通造型，具有写实或抽象多元素组成。此种图案适合儿童青少年穿着，卡通图案可以通过印花或刺绣达到装饰效果（图2-199）。

③织锦花缎图案：花缎过去用来制作窗帘、桌布、壁纸，现今在服装装饰上出现大比例的花缎图案广受欢迎，可以结合提花针织、嵌花、印花等手段实现。花缎图案可以装饰在服装的局部典型部位，同样也可以作为整体的面料装饰出现，体现服装的华丽感和雍容感（图2-200）。

④印花图案：手帕首先出现在印度，那时女性将其作为头巾佩戴，后来手帕印花图案融合了著名的佩兹利花纹图案，通常采用单一色彩的背景以及黑色或白色的设计（图2-201）。

图2-199　卡通图案的表现

图2-200　织锦花缎图案的表现

图2-201　数码印花图案的表现

（2）以几何图形为基本元素的图案。

①抽象网格图案：基本灵感源自网格和方格纸的印花，网格的感觉可以有规则款和不规则款，还有随意形手绘款，此种网格图案很多时候应用在保守的中性款服装当中，给人清晰感、规则感（图2-202）。

图2-202　抽象网格图案的表现

②粗条纹图案：基本灵感源自经典条纹进行加粗来实现，条纹基本分为横条纹、竖条纹以及斜条纹，其中斜条纹更具有视觉冲击力。几何粗条纹非常适合应用在宽松直筒连衣裙、直筒裙、方形上衣和短裙上（图2-203）。

图2-203　粗条纹图案的表现

③混合波点图案：基本构成元素为各种大小、各种款式的波点，波点分为大波点与小波点，紧密排列的波点十分新颖抢眼，几何混合波点可以用单色或多色表现，近年来渐变的形式在设计中越来越多用（图2-204）。

④几何图案：以小比例的不规则几何形组成，基本灵感源自造型不同的色块，色块图案可以分为规则小型色块组合和不规则大型色块组合，几何色块图案除了造型以外，很

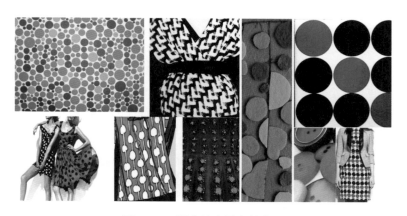

图2-204 混合波点图案的表现

多的装饰效果来源于色彩，给人的感觉是规则中不失跳跃，此种图案适合应用在上装、夹克、连衣裙和短裤中，或者应用在服装小配件上，如领带、手包等（图2-205）。

图2-205 几何图形图案的表现

本章小结

本章主要是对色彩与图案学科的基础技能训练再到技能提升训练。基础技能训练包括色彩的对比、图案的素材收集、基本构图原则、图案变形原则、肌理图案的特殊性以及色彩与图案的采集与重构。技能提升训练包括色彩与图案的形式美法则、色彩与图案的心理效应以及色彩与图案的流行元素。通过对这些技能的训练，使学生对各种技能进行熟练地掌握，再将技能运用到服装设计中去。

思考与练习

1.独立完成色彩的秩序构成与明度强对比各一幅（尺寸：20cm×20cm）。

2.将收集素材选择一种构图形式表现出来（尺寸：20cm×20cm，色彩与黑白表现手法均可）。

3. 利用肌理表现创作一幅创意图案，注重色彩肌理与造型肌理的表达（尺寸：15cm×25cm）。

4. 选择五种代表颜色来表现色彩的兴奋感（尺寸：15cm×25cm）。

5. 单色服装配色、双色服装配色、同类色服装配色、类似色服装配色、对比色服装配色以及互补色服装配色设计一组服装（尺寸：20cm×90cm，效果图形式表现）。

6. 分别运用边缘装饰手法、中心装饰手法表现设计一组服装（尺寸：30cm×50cm，手绘手法表现图案）。

7. 分别应用当季流行色彩与流行图案表现设计一组服装（尺寸：30cm×50cm，手绘手法或电脑绘制表现）。

实践应用——

应用篇：服装色彩与图案设计应用

课题名称： 服装色彩与图案设计应用

课题内容： 1. 休闲装色彩与图案设计

2. 职业装色彩与图案设计

3. 礼服色彩与图案设计

4. 童装色彩与图案设计

课题时间： 24课时

训练目的： 旨在帮助学生了解服饰色彩与图案设计，在整个服装设计环节中的位置。更借助具体的案例介绍，使学生掌握了不同品类的服装设计过程中，如何围绕服装的主题风格进行服饰色彩与图案设计的搭配选择、题材布置、工艺实现等更为具体的实操技能。使学生从基础理论知识到综合技能运用的实践能力得以提升。

教学方式： 要求多媒体课件与优秀图片及学生作业联合方式教学，理论联系实际。

教学要求： 教师理论讲授达到16课时，赏析部分4课时，课堂小练习4课时。

学习重点： 各品类服装的色彩应用特征，服装色彩与图案设计的关系，图案设计题材的选择，服装图案的形状与色彩的关系。

第三章　应用篇：服装色彩与图案设计应用

　　服装设计师通过服装作品表达设计意图和生活主张。设计作品不能只为简单欣赏，也绝非画张设计图了事。设计一般是由灵感的带动与激发，进而进入系统的设计构思流程。设计师从自然景象、艺术殿堂、民族文化、社会动态、科技时尚、日常生活等各个角落捕捉寻找所有能成为设计构思的灵感素材。在设计构思过程中，需要对服装的定位、主题、风格、流行趋势、季节变化、消费群特征、穿用场合等因素全面统筹。对服装服饰的款式造型、面料材质、色彩搭配、图案装饰细节及工艺技术等要素一一落实。从而使服装作品从最初精神层面的抽象思维向服装作品的物质化造型来实现。

　　服装色彩和图案设计作为服装的重要组成部分，与服装的型、色、质等制约因素相契合，并随着时代的发展向多元化、复杂化发展。服装色彩和图案设计创思过程中应围绕主题、风格和穿用者而展开。服装色彩的整体设计是服装的精髓部分，是服装设计构思的集中体现。它广泛运用于品牌服装的研发企划，时装秀场上设计师沥心流淌的精美服饰作品上，热爱生活美化装扮自我的着装上。服装图案设计是体现服装色彩的物质化表现之一，其最终要通过工艺技术呈现在具有软性特征的纺织面料上。因此加工工艺对图案纹样的最终视效与使用也有重要的影响。

　　常用的加工工艺分为传统工艺和现代工艺两类。传统工艺包括：蜡染、扎染、剪切、编织、手工绘染、花色面料拼接、不同肌理面料拼接、运用服装缝制工艺表现服饰纹样等传统工艺技术；现代工艺主要指通过电脑程序编排控制，借助现代机器设备，结合科技手段实现的，如数码印花、数码绣花、激光镂刻花、热转移印、多功能压褶、丝网印等现代工艺技术。

　　现代服装从功能用途上一般分为休闲装、职业装、礼服几大类。同时童装产品在服装色彩和图案设计上的独有样貌特点，这里我们也一并进行分析介绍。

第一节　休闲装色彩与图案设计

　　休闲装是人们在无拘无束、自由自在的休息、娱乐等非正式场合中穿着的服装，以简洁自然的样貌展示在人前。休闲，英文为Casual，此词在时装上覆盖的范围很广，凡有别于严谨、庄重服装的，都可称为"休闲风格的时装"即休闲装。休闲装是大众人群日常最为广泛穿用的服装。休闲装在当前市场上，按风格用途一般划分为：运动休闲装、商务休闲装、时尚休闲装及家居休闲装几类。其在配色设计、款式样式、穿用场合、材质工艺等方面均有一定的区别。

一、休闲装的配色设计

休闲装的色彩变化是设计中最醒目的部分。服装的色彩最容易表达设计情怀，同时易于被消费者接受。火热的红、爽朗的黄、沉静的蓝、圣洁的白、平实的灰、坚硬的黑，服装的每一种色彩都有着丰富的情感表征，给人以丰富的内涵联想。除此之外，色彩还有轻重、强弱、冷暖和软硬之感等，当然，色彩还可以让我们在味觉和嗅觉上浮想联翩。

1. 运动休闲装

运动休闲装在款式样式上兼有专业运动训练服与日常休闲装的款式特征，具有一定的功能作用。运动休闲装有较良好的自由度、功能性和运动感；穿用环境一般是用于满足人们日常体育运动、度假休闲等环境下穿用；材质选择方面多以满足人体多功能需求，舒适耐穿为原则，多选用防水透湿、吸汗快干的腈/棉、黏/棉、锦纶塔夫绸、防水绸、涤纶仿丝等机织、针织衣料织物为主。运动休闲装配色设计上以高纯度有彩色为主，色彩大胆鲜明、配色强烈；色调倾向纯色调、中明调或明色调。一般以高饱和度、高纯度的色彩关系或撞色搭配出现。通过色彩的兴奋与沉静，心理上带给人们积极、青春、自由、希望的联想，让人们感到兴奋、激励、富有生命力的满足感（图3-1、图3-2）。

图3-1　暖色系兴奋、积极；冷色系 沉静、消极

图3-2　闪光质感的防水绸材质色彩配比均显动感活力

2. 商务休闲装

商务休闲装也称职业休闲装，该类服装是在市场越来越细分状态下，各企业品牌为迎合人们日常穿用与不是十分正式的商务约谈等场合下穿着所研发的。商务休闲装在款式样式上兼有职业装的稳重、优雅、简洁，又具有休闲装的轻松和随意的个性特征；穿用环境多为较为宽松的职业交流、日常工作等具有一定正式性、公众性场合下穿用。这类服装造型感稳定、线条自然流畅；材质选择方面多以天然纤维构成的机织、针织面料，毛织物、混纺织物为主，也可以采用无纺布、裘皮、皮革等面料。配色设计上色彩多为中性色，色调倾向明色

调、明灰调、中灰调及暗灰调。一般以低饱和度、低纯度的色彩关系出现。心理上带给人们淡定、安稳、睿智、敏锐的联想，让人们感到沉静、轻松、庄重（图3-3~图3-8）。

图3-3　明亮的蓝色配黑色明暗反差大，形成高长调对比，服装配色效果清晰、明快，用在职业休闲装中干练不刻板

图3-4　以高调色与低调色组合形成中长调的强对比效果，服装配色丰富、庄重，富男性感的色调符合职业场合的严肃性

图3-5　以含灰的高级灰进行明度推移，随着富动感的图案变化化解了色彩的深沉感

图3-6　职业休闲女装轻柔、优雅的配色，使得服装色调呈现温柔、知性的时尚感

图3-7　以中调色为主，采用稍有变化的颜色形成中短调的弱对比效果，配色效果含蓄、恬静

图3-8　含灰的色相对比，在均衡比例关系下发挥了色彩的轻重性

3.时尚休闲装

时尚休闲装属于流行服装类，在款式样式上通常突显年轻、时髦、个性张扬，追求现代感与个人风格为主的着装样式，拥有广泛的年轻消费群体，一般用于逛街、购物、

走亲访友、娱乐、休闲场合的穿着。造型上有较多变化及设计感，风格多样如浪漫、田园、民族、街头、都市等。时尚型休闲服装的面料种类很多，无论是机织面料、针织面料，还是无纺布、裘皮、皮革以及涂层、闪光、轧纹等经过特殊处理的面料，都可以选作时尚休闲装的面料，来丰富服装的肌理效果，体现时尚前卫的风格特征。例如，风格偏向未来型，用新型质地闪光面料制作的太空衫；或充满个性的街头风，使用高科技合成材料甚至非服装用材料如塑料，来表现穿着者的个性与喜好。配色设计上色调运用广泛，各种明度的对比、色彩的推移、肌理效果的使用均在该类别服装上可以尽情显现（图3-9~图3-12）。

图3-9 牛仔材质地与金属色材质勾边，表达自由、时尚　图3-10 等比的宝蓝配黑色，以纯灰装饰，效果洗练、简洁　图3-11 以明亮色为主，优雅、富有女性感的色调　图3-12 含灰冷色调，配色效果，冷静，季节

4. 家居休闲装

家居休闲装在原本的休闲装中加入了家居服的元素，款式样式兼有内衣与便装的特点。为人们日常家居环境下准备的服装，款式设计简洁、自然、舒适，有一定的功能性。面料材质以舒适、柔软为主，可选用精细棉、涤/棉、涤/黏等混纺衣料或人纤布、丝绸、麻及麻混纺布等适时令的衣料。近年也十分流行由再生纤维❶与其他纤维混纺，如竹纤维、莫代尔纤维等材料制成的面料。透气、柔软、纤薄等材质特性，更加符合人们的穿用需要。配色设计上以单一色相、纯度较低的中灰调、明色调为主。突出穿用者柔和、放松、安定、温和的情感需要（图3-13~图3-15）。

---

❶ 再生纤维：用天然高分子为原料，经化学方法制成的与天然高分子化学组成基本相同的化学纤维，包括再生纤维素纤维和再生蛋白质纤维。

图3-13　粉彩色系搭配，比例变化
　　　　的色彩推移表达其甜美、
　　　　活泼

图3-14　安定的蓝色丝绸材质
　　　　的光泽质感，凉爽、
　　　　清新的效果

图3-15　棉针织材质对色彩的
　　　　反射较慢，色彩效果
　　　　柔和、朴实、自然

二、休闲装的图案设计与工艺

　　休闲装的图案设计也必须要考虑到服装的整体定位、风格与主题。图案设计与服装的整体风格呈现何种效果，需要从图案色彩、图案题材形式、工艺处理及装饰部位等角度全面考量。休闲服的图案色彩与服装色彩在成衣效果的关系上，主要分为短调对比、长调对比及中调对比三种设计方向；图案题材一般为文字、植物花卉、动物、民族纹样、几何肌理等为主（图3-16）。当前休闲服市场图案题材丰富，既紧跟时代潮流的主题，也不乏用现代技术模拟传统工艺效果的具有新古典❶风格的图案作品。

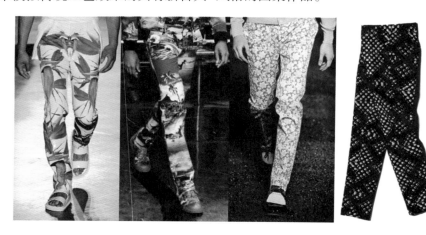

图3-16　图案题材一般为植物、花卉、自然风光、几何肌理

　　现代工艺技术的发展使得原有的图案加工工艺流程缩短，降低了打样、加工成本，具有经济高效等优势。这一优势与大批量生产的休闲服有着完美的结合，在相对保持低生产成本的同时，使得休闲服的艺术审美性有了更高的提升。图案设计的工艺技术上一般以

❶ 新古典主义的设计风格即是符合现代人生活审美的经过改良的古典主义风格。保留了服装的某些典型特征，通过材质再造、流行色彩搭配等现代审美及技术工艺手法，仍然可以很强烈地感受传统的历史痕迹与浑厚的文化底蕴。

数码喷印、机器绣花等现代工艺手段装饰在服装的胸口、肩背、腰腹附近。市场上的数码印花技术一般包括：胶浆、亮浆、多色水浆、环保拔印、胶珠、脆裂纹、绒面发泡浆、植毛、油墨、水印、烫纸、烫片、闪粉等（图3-17）。在时尚休闲装与商务休闲装中，也常常应用机绣、激光刻花、镂空等工艺技术（图3-18~图3-22）。

图3-17　现代工艺技术数码印花，在休闲服的图案表现中的应用

图3-18　高饱和度色彩抽象放射状图案，亮片绣工艺

图3-19　水胶浆印花，既有胶印的饱满色彩又有水印的柔软舒适

图3-20　满底重叠式四方连续花卉图案，机器刻花

图3-21　机绣单独纹样宗教题材

图3-22　各种材质与机器绣花的结合大大丰富了休闲服细节装饰的表现

运动休闲装中的T恤衫，在图案应用上常常在胸口处装饰一个单独纹样（图3-23）。具有相对独立性的单独纹样，不受外形和任何轮廓的局限。单独纹样能单独用于装饰，也可以组合成各种不同形式的单独纹样而应用，构成方式包括对称和均衡形式。其中服装图案的设计在服装产品上，不论大小都包括：内容的主次、构图的虚实聚散、形体大小方圆、线条的长短粗细、色彩的明暗冷暖等各种矛盾统一的关系。这种种关系使图案生动活泼、有动感，但要避免处理不好容易杂乱无章，要时刻把握变化和统一的手法（图3-24）。

图3-23 动物题材单独纹样的均衡表现，薄油墨印花

图3-24 不同色彩的T恤衫系列图案

三、具体设计过程及经典案例分析

休闲服是市场上销售量最大的一类服装，人们更加关注服装色彩与材质结合后的效果。利用相应的图案设计作为细节搭配或点缀，服装的完整性与层次感就突显出来了，是大众人群使用最为广泛的常用服装。休闲服设计一般由大型服装企业的设计部承担，产品设计研发由一个团队来完成。单独一个设计师很难体验完整的研发全过程，设计师的工作仅仅是整个企业产品研发过程的一个环节。

1.休闲服的设计流程

（1）收集市场信息：在进行造型款式构思之前，要了解市场各种信息，做好市场调研工作。调研对象和项目很多，如竞争品牌、目标品牌、原料批发商、终端店铺、消费者生活结构变化、流行趋势等对象。调研项目包括产品构成、流行款式趋势、流行色彩趋势、流行纺织品趋势及流行装饰手法风格与工艺技术等信息。

（2）规划设计风格：休闲服每季产品更新频率快，产品品类又多，属于流行性极强的产品。休闲服的设计要根据流行趋势、市场需求不断变化，但在品牌定位下的产品是有相对固定的风格的。每季风格主题的确定，即确定了产品的款式类型、色彩倾向组合、材质类型及图案装饰题材的方向。

（3）效果图绘制：设计师需要整合品牌定位和当季市场调研的综合信息，根据自我对艺术设计的理解及把握市场要求，进行服装设计效果图的绘制。从初级设计到设计定稿，整个过程需要设计师提供的款式数量一般是所需数量的3~4倍，产品要求风格明显、系列❶完整。休闲服企业的图案纹样设计一般由设计部管理下的一个部门或一个小组人员专门负责。

（4）产品研发评价与审核：服装设计师个人是无法对所设计的产品做出生产决策的，需要设计师提供几种完整方案的效果图及设计素材说明展板后，由企业的各职能部门或相关人员进行集中评价与会审。评价部门一般包括供应部、销售部、生产部、技术部、广告部、陈列部等。他们会从各自角度，对产品方案做出评价与把握，最终筛选最佳的方案，进行产品数量、成本、利润、定价等进一步的落实资金，安排生产计划。

（5）样衣效果复核：在批量生产之前，一定要制作样衣，样衣的制作要求模拟大批量生产的工艺要求。通过样衣要进一步审核设计方案，并要制作工艺单、计算工时、编排工序、为车间生产提供依据，到这里，一件休闲服的产品设计工作基本完成了。

2. 案例分析

在整个产品设计过程中，如果单纯看设计师设计绘制产品效果图这一环节，服装设计的艺术创造性就明显了。设计师在服装整体风格主题、造型色彩、面料材质、图案细节、工艺技术设计等环节要做好信息整合与创意表达。

以2012春夏某休闲品牌都市系列女装及图案设计为例。该季品牌服装主题是"叛逆"和"宣言"；"宣言"主题下又分为"都市户外"和"都市夜晚"两个分系列。在"都市夜晚"系列中，女装以芭比头像新演绎、花卉、蕾丝、重彩油墨和线描文身等为关键词（图3-25~图3-27）。设计师需要掌握主题的灵感来源、款式风格、色彩方向及印花方向

图3-25 品牌女装主题灵感收集

---

❶ 系列设计，是指在造型活动中，用相关相近的元素去完成成组成套的方案，使作品系列化。系列化的作品或产品能为消费者提供更丰富的选择，整组的有秩序的产品也容易给人留下更深刻的印象。

图3-26　拓展系列风格演绎　　　　　　　　　　图3-27　主题色彩提取

等信息。服装款式为纯棉质地的T恤基本款；服装色彩以鲜艳、浓烈的水粉色为主，充满自然、中性的味道；纹样设计要突出线描感和手绘的轻松风格；图案色彩以黑白为主，以淡彩为辅，并要求有金属光泽感。

　　图案设计部门的纹样设计师必须充分把握整个设计主题的风格走向，以保证后续设计工作顺利进行。之后是要把握图案纹样的表现方式，一般包括点绘、线绘、面绘、写真、采集、写意、电脑辅助等综合技术方式。首先将灵感素材加以整理再创作，通过线绘方式勾勒人物动态，将选定好的草图经过电脑进一步处理，通过点绘方式进行人物服饰的描绘。再使用晕染方式表现淡彩花卉等，使纹样达到手绘般轻松流畅的效果。最后，将绘制好纹样样本在服装款式上做好布局分配，调整修订后制作工艺生产单。工艺制单中需详细说明纹样的色号，在服装款式中的定位，尺寸数据，纹样工艺等。企业根据成本核算、视觉效果等综合数据自行组合、应用，确定后即可投产制作，最终投放市场（图3-28~图3-33）。

图3-28　整理印花方向围绕风格构思款式样式及图案纹样

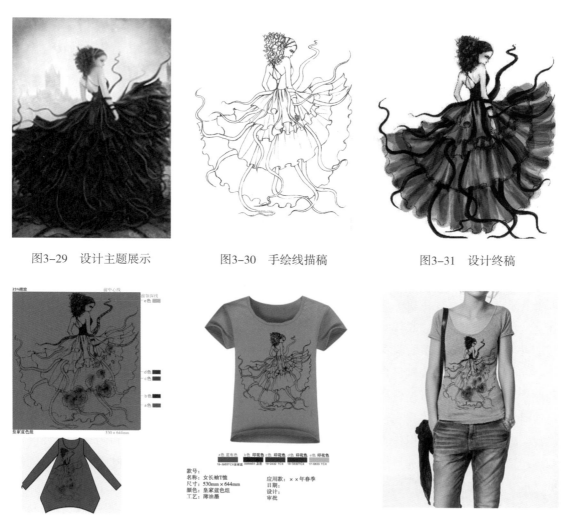

图3-29　设计主题展示　　　　图3-30　手绘线描稿　　　　图3-31　设计终稿

图3-32　工艺制单要详细说明纹样的尺寸颜色、工艺、应用款式　　　图3-33　成衣样式
　　　　　以及在服装中的定位和纹样工艺（作者：温砚冰）

第二节　职业装色彩与图案设计

　　职业装指为具有公众身份或者职业身份场合的需要而特制的有规定式样或风格的服装。职业装具有鲜明的系统性、功能性、象征性、识别性等特点，能明显地表示穿用者的职业、职务和工种。职业装既能使行业内部人员能迅速准确地互相辨识，以便于进行联系、监督和协作；又对行业外部人员，能传达一种提供服务的信号。职业装最大的款式特点即配套性，有完整、协调、统一的效果。职业装的色彩处理是以实用目的为主的机能配色，色彩搭配的敏感度很高，它除了劳动保护外，还有职业标识的作用，因此色彩占有非常重要的位置。按照服装穿着目的与用途的不同而具有不同的分类：职业制服、职业工作服。

一、职业装配色设计

1. 职业制服

职业制服由国家相关部门统一制定、有使用规定的。如人民武装警察、公安机关、国家安全部门、卫生部门、工商行政管理部门等代表国家某一职能部门，表示穿用者在其行业范围内有行使职责的权力的服装。职业制服的标识性、功能性等特征以服装的色彩来表示。例如，橄榄绿警察制服带来的威武、庄严感；医护人员白色或柔和浅色带来的洁净、平和感；陆、海、空军服与自然环境相接近的防护功能色彩的使用。服装面料材质根据使用要求一般选用毛织物或混纺织物如啥味呢、海军呢、大衣呢、涤卡等。

2. 职业工作服

职业工作服，因其使用功能的不同分为防护与装身礼仪两种类型。其中防护用工作服为特殊作业意义行业员工在工作时提供便利和防护伤害的服装；另一种装身礼仪类型的职业工服属非国家规定统一着装部门，为企（事）业形象及工作需要而自行设计研发的工作场合穿着的服装，如宾馆、酒店、商场、美容院等工作人员穿着的服装。主要是用来体现职业特征和群体凝聚意义的服装，款式造型符合职业风格特点、穿着方便、服饰配件统一。防护型职业工服要确保穿用者操作灵活、便利、安全；色彩选择上要符合职业特点、职业形象、穿用环境、岗位要求等，如环卫工人、养路工人们橙黄色工作服的注目性。配色设计的机能作用，体现在：如用款式、色彩对宾馆服务人员工种和职务级别加以区分的设计。职业工服在色彩设计上一般以单色或两色为主，其他色彩为辅，其他对比性纯度、明度色彩或图案面料作为点缀色。材质面料的选择上，防护型职业工服材质具有很强的防护功能，如防辐射、防油、阻燃等功能。装身礼仪型职业工服材质一般选择结实耐用、易打理的化纤材料或混纺织物如涤棉、涤卡、工装呢、卡丹皇等（图3-34~图3-37）。

图3-34 职业制服橄榄绿，和平、安全的象征性深入人心

图3-35 空姐职业工作服的职业形象

图3-36 防护型职业工作服的款式色彩设计功能实用性要求很高

图3-37 用职业装的款式色彩等信息职业工种和职务级别加以区分的设计

明度和纯度的色彩带给人的软硬感，可以作为职业装的色彩选择做参考。明度高、纯度低的色彩有柔软感；明度低、纯度高的色彩有坚硬感；中性色系绿色和紫色有柔软感；无彩色系黑、白显坚硬，灰色显柔软；明度短调、灰调、蓝调柔软；明度长调、红调显坚硬。

二、职业装图案设计

职业装的图案使用在整体服装造型上一般处于辅助、点缀位置，如整身使用图案，面料也会选择低纯度的同类色或类似色搭配的暗纹织物。图案设计应与整体服装造型相统一和谐，图案一般使用为团队的徽章、方格纹样、传统织锦纹样或由企业LOGO创意整合纹样设计。 在职业装的设计中，单纯的图案纹样在服装整体造型中的占比不高，但却意义重大。在设计过程中，需要设计师用心整合、严谨搭配。因此，付出的心思和图案本身在服装上的比重往往是成反比的（图3-38）。

图3-38　职业装的适当装饰一般以团队的徽章、方格纹样、传统织锦纹样或由企业LOGO创意整合纹样设计来做点缀

三、具体设计过程

职业装设计时需根据客户的要求，结合职业特征、团队文化、年龄结构、体型特征、穿着习惯等，从服装的色彩、面料、款式、造型、搭配等多方面考虑，提供最佳设计方案，为顾客打造富于内涵及品位的全新职业形象。在设计过程中需要把握以下原则：相对稳定原则、行业统一原则、行业特点原则、国际统一原则、实用经济原则、审批认可原则。

职业装的设计过程如下：

（1）行业调研：在进行某一类型的职业装设计之前，设计师首先要进行目标行业的相关调研。了解该行业的职业特点、相关要求、行业规定等。

（2）穿用群体调研：设计师在掌握行业相关特点后要对实际穿用人群进行考察分

析。主要掌握企（事）业的背景资料、形象LOGO、职业服的使用条件、工种分类、活动方式、行为性质等具体的内容项目要求（图3-39）。

图3-39　企业标识释义及合作组合标识、企业标准色、标准图案

（3）效果图绘制：经过系列讯息的调研整合后，设计师要进入具体的设计环节。对职业装的款式构成，色彩搭配及面辅料的选择，再进行细节装饰设计。设计师需要提供多种变化方案给穿用方进行比较选择。职业装的色彩选择与应用要听取穿用方的要求与意愿，如企（事）业有规定色彩设计师需积极配合，仅在材质选择及色彩视觉还原度上为其提供更好的方案选择。职业装的图案使用，如果是企（事）业已经注册的徽章或LOGO，那么在图案的结构与配色等任何细节都是不可以任意修改变化的。但是在徽章或LOGO的工艺实现层面，可以提供丰富建议与方案（图3-40）。

图3-40　效果图的绘制需要提供多种方案，职业装效果图要直观清晰（作者：赵亚杰）

（4）样衣制作与审核：设计方案通过后进入样衣试制、模特试穿与评估审核的阶段。之后综合各方意见建议，进行职业装的修正、定型环节；

（5）生产制作：职业装定型后，设计师要与工艺技术人员制定出投产使用的工艺单，对服装的生产工艺参数进行详细的说明。

第三节　礼服色彩与图案设计

礼服（也称社交服），泛指在某些重大场合上或某种特殊活动参与者所穿着的庄重、夸张、个性突出、正式感强的服装。按穿着时间，分为晨礼服和晚礼服。常见礼服有：婚礼服、晚礼服、创意演出服装、小礼服、套装礼服等。礼服的配色设计常常反映了色彩的庄重与华丽：明度高、纯度也高的色彩鲜艳华丽；纯度低、明度低的色彩朴实、庄重。

一、礼服的配色设计

礼服的配色设计常常反映了色彩的庄重与华丽，明度高、纯度高的色彩鲜艳华丽，纯度低的色彩朴实、沉稳，如红橙色系显华丽，蓝色系显得端庄、文雅。

1.婚礼服

婚礼服起源于西欧，多指女性穿着的婚纱（图3-41）。我国当前都市女性在婚礼仪式的不同环节，一般至少会选择一件白色一件红色两种以上的婚礼服。白色礼服款式多以复叠式和透叠式为主，色彩选用代表纯洁、庄重、真诚的白色系（牙白、本白、乳白）。红色礼服突出我国传统的婚礼气氛，款式主要以旗袍和中式服装为主。色彩取红色喜庆、大吉大利的象征意义（图3-42、图3-43）。常用面料有欧根纱、网纱、真丝/化纤雪纺、蕾丝、素绉缎等。

图3-41　英国电视剧《唐顿庄园》剧照　　　　图3-42　带有吉祥寓意的植物花卉图案，在中式婚礼服中的应用　　图3-43　NE TIGER 中式高级定制礼服、高级定制婚礼服

2.晚礼服

晚礼服（夜礼服、晚装）是在晚间出席一些宴会、酒会及礼节性社交场合穿着的服装。传统晚礼服讲究造型，体积夸张；面料考究高档，工艺繁复精致，表现华丽与高雅。现代晚礼服设计风格多变、强调个性、追求新奇为设计的重要特征；面料材质追求新奇、变化；款式逐渐走向简约、随意化。晚礼服色彩总的倾向是高雅、雍容、豪华，多为黑色、白色、红色、绿色等高纯度色彩，突出绚丽明快、大胆浓烈的醒目特征；或柔和细腻的粉彩系列，突显端庄、柔美；也有斑斓多姿的印花面料；金属色、含灰低纯度色等色彩的使用使得礼服更加时尚。晚礼服常用面料有塔夫绸、贡缎、软缎、雪纺、花边蕾丝等

（图3-44~图3-46）。

图3-44　粉彩色系做底，植物花卉刺绣经典A字造型

图3-45　西式款式、中式细节装饰浓郁的中式风格

图3-46　黑、白、灰色礼服在配色效果上以明度变化及面料的光泽来反映细节

3.小礼服

小礼服是在晚间或日间的鸡尾酒会正式聚会、仪式、典礼上穿着的礼仪用服装。裙长在膝盖上下5cm，适宜年轻女性穿着，简化与礼服。面料选择范围广泛，根据款式特征选择真丝、锦缎、合成纤维、新型高科技材料、有底纹或印花面料等，均是很好的选择。色彩配置要突显整体的风格主题：或浪漫，或民族，或朋克，或前卫，每种风格下都有对应的色彩配置组合（图3-47、图3-48）。

图3-47　小礼服色彩与抽象网格图案表现效果（作者：刘安童）

图3-48　小礼服的风格面貌与对应的色彩配置

4. 套装礼服

套装礼服指公众人士在职业场合或正式场合出席庆典仪式、参加聚会或公众主持等场合穿着的服装。具有非统一性时装式职业套装特征，穿用者上下装配套穿着的服装，显现优雅端庄、含蓄庄重的公众女性风采。通常由同种同色面料制作，使上下成为格调一致的造型，款式简洁大方。套装礼服与商务休闲装有共同处，只是前者在款式类别、搭配组合、比例细节、材质选用等方面会更为严谨，品质更显高档。服装材质因季节不同一般为羊绒、华达呢、哔叽、涤棉高支府绸、丝绒、软缎、锦缎、乔其纱等衣料（图3-49、图3-50）。

图3-49　职业礼服套装显现庄重、考究服饰配件完整　　图3-50　男士礼服——大礼服（晨服）燕尾服造型

二、礼服的图案设计

礼服的款式样式有一定的规则性，如鱼尾、A型、X型、帝政样式等。在基本固定的造型样式下，礼服鲜明的风格特征主要依靠色彩搭配与图案装饰来完成。图案配色的中心性，一种图案至少有两个色彩组成，多数图案面料都使用数个颜色。在选择单色时可以任意从图案中选择一个，将获得十分和谐的色调效果。设计手法上着重关注图案形状与色彩的关系，能更容易把握图案与服装色彩的关系。内容包括：形状单一、外轮廓简单，对比强；形状分散、外轮廓复杂，对比弱；外形简单，用复杂的颜色；外形复杂忌用复杂颜色。

礼服的图案设计主要突显了服装色彩的装饰性特征，而该特征主要由图案形式来表现。礼服图案题材广泛（图3-51），视觉效果丰富、工艺技术多样。无论使用有图案花纹的面料，还是采用钉珠、刺绣、雕花、镂空、蕾丝雕绣、染绘、镶嵌、拼接等工艺手法构成的图案装饰，都赋予服装很强的艺术价值（图3-52）。图案面料的使用，在服装设计中越来越广泛的使用着。图案面料比素色面料效果丰富，富有很强的表现力（图3-53）。

图3-51　礼服的细节装饰往往最能体现和反映服装风格　　　　图3-52　常用礼服工艺的
　　　　　　　　　　　　　　　　　　　　　　　　　　　　　　　　　　部分细节表现

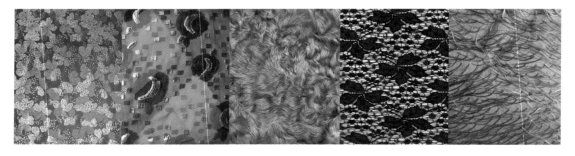

图3-53　各种礼服图案材质面料

在服装的整体造型中，既可以做点缀搭配的材质使用，也可以作为整身设计造型的材质使用。近年在高档礼服中具有很好视觉效果、高技术水平的数码技术印花面料的使用，也丝毫不逊色于采用传统手工艺缝制的图案设计。

三、具体设计过程

礼服常用的设计过程多属于定制流程，一般包括以下项目：

（1）穿用者基本信息：一般关于穿用场合、目的、时间、身份、角色等信息。需要记录、沟通穿用者身体尺寸、主观愿望等。设计师提出风格方向、色彩组成、材质范围、细节装饰、资金组成、制作周期等初步信息。

（2）效果图绘制：设计师在掌握穿用人或使用方信息后，结合流行趋势确定风格主题，收集灵感素材，在构思过程中通过勾勒服装草图借以表达思维过程，通过修改补充，在考虑较成熟后，再绘制出详细的服装设计图。设计师可以从过去、现在到将来的各个方面挖掘题材。服装设计的构思是一种十分活跃的思维活动，构思通常要经过一段时间的思想酝酿而逐渐形成，也可能由某一方面的触发激起灵感而突然产生。自然界的花草虫鱼、高山流水、历史古迹、文艺领域的绘画雕塑、舞蹈音乐以及民族风情等社会生活中的一切都可给设计者以无穷的灵感来源。图案装饰细节的刻画，色彩配置的合理以及新的面料材质不断涌现，不断丰富着设计师的表现风格。

（3）样式评价沟通：设计师提供的效果图，要反映的信息包括造型样式、色彩关系、图案特写、材质小样等。双方进行沟通调整后，确定制作意向。

（4）样衣及成衣制作：该环节包括白坯样衣❶和成衣制作两阶段。首先由相关技术人员根据设计效果图进行制板、制作白坯样衣、试穿、调整；再进入正式的成衣制作阶段，期间根据需要再进行至少一次以上的试穿、调整，最终成衣制作完成。

（5）礼服设计过程中有关配色设计与材质使用是需要先期确定的，之后确认图案装饰细节在服装上的具体位置、比例关系。这项工作通常由设计师在白坯样衣上确定位置后，再绘制在平面纸板上。并在工艺单中给出面辅料小样，图案配色及工艺说明，最终实施完成成品制作。礼服设计与其他品类服装在制作上比较明显的区别，即服装的后期图案等装饰细节的深入性与完整性，其高档性往往也是体现在这一方面（图3-54~图3-57）。

---

❶ 白坯样衣，指利用价格便宜的白坯布或其他与成衣面料特质相近的材质，进行服装造型的试制、假缝。这样可以更加准确地把握设计图的廓型样式等基本特征，该环节一般只进行图案位置的确定，不进行装饰细节的制作。

图3-54　花卉主题灵
感采集

图3-55　自然图案设计（图
案设计：秦岱华）

图3-56　色彩搭配与图案
色彩表现（礼服
设计：赵亚杰）

图3-57　礼服设计
效果图

第四节　童装色彩与图案设计

一、童装的配色设计

童装是指未成年人的穿着的服装，它包括从婴儿、幼儿、学龄儿童以及少年儿童等各阶段年龄人的着装。与成年人服装意义相同的是，童装也是人与衣服的综合，是未成年人着装后的一种状态。在这种状态组合中，服装不仅是指衣服，也指与衣服搭配的服饰品。近年国内消费水平和消费观念有很大的改变，童装市场的发展与上升空间很明显。童装款式品类参照成人类别越来越细分完整，如儿童户外服、礼服、泳装、训练服等。童装面料要求比成人更严格，面料和辅料越来越强调舒适、安全、天然、环保，针对儿童皮肤和身体特点，多采用纯棉、涤棉、天然彩棉、毛、皮毛一体等无害面料。配色设计上即追随成人服装的色彩流行趋势，又有其独有的特点。高纯度的色相推移、撞色效果、粉彩色系的应用，均体现了儿童活泼、独立、自信、有爱、大方的个性特征。

1. 婴儿装

婴儿的身体发育快、体温调节能力差、睡眠时间长、排泄次数多、活动能力差、皮肤细嫩。婴儿装必须注重卫生和保护功能，要求婴儿装应具有简单、宽松、便捷、舒适、卫生、保暖、保护等功能。服装应柔软宽松，采用吸湿、保暖与透气性好的织物制作。

2. 幼儿装

幼儿时期的儿童行走、跑跳、滚爬、嬉戏等肢体行为使儿童的活动量加大，服装容易弄脏、划破，因此幼儿装的服用功能主要体现在穿脱方便和便于洗涤。由于幼儿对体温的调节不敏感，常需要成人帮助及时添加或脱去衣服，因此幼儿常穿背带裤、连衣裙、连衣裤等，要求结构简洁宽松，穿脱方便，美观有趣。

3. 少年装（学生装）

学生装主要是小学到中学时期的学生着装。考虑到学校的集体生活需要，能够适应课堂和课外活动的特点，款式不宜过于烦琐、华丽、触目；一般采用组合形式的服装，学生装的服用功能主要体现在具有生气、运动功能性强、坚牢耐用方面（图3-58）。

图3-58　各种学生装样式，多采用格子纹样面料，徽章应用起点睛及标识作用

4. 盛装

随着人们生活水平的不断提高，诸如生日服装、礼仪服装也日益普遍。这类外观华美的正统青少年礼服，增添了庄重和喜庆的气氛，有利于培养孩子的文明、礼仪意识。在少年儿童进行团体活动、参加国内外活动等场合，穿着正式盛装服，对集体意识的养成与面貌展现有重要作用。

5. 休闲装

休闲装设计应突出功能性、款式要求简洁、方便、轻便、舒适。为了加强休闲气氛，服装造型要富有趣味性，可以大胆地发挥想象力，使造型结构丰富多变、活泼诙谐。服装轮廓常用几何形及仿生造型法进行设计。休闲装结构常使用拼接法、分割法以及领、袋、袖等零部件的装饰法予以变化，以增添情趣与美感。休闲装设计应选择耐洗、吸湿性强的面料制作。面料的色彩图案需与活泼、轻松的悠闲气氛相协调，常采用大胆、鲜艳、明亮的原色系色彩（图3-59）。

图3-59　童装休闲装有成年款式搭配特点，在色彩及图案应用上突显儿童年龄特点，各种缤纷色彩更能反映儿童纯真、可爱的天性

二、童装的图案设计

童装图案设计一般突出趣味、美好、活力、希望等特征。图案多取材于风景、海洋动物、贝壳鱼虫、花草水果及几何形、卡通人物、生活标识、植物花卉、动物玩具等与儿童生活相关的符号、形象内容，以中大型纹样为好。一般装饰在领口、袖口、底摆与前胸后背处。为了防止儿童在运动、生活中发生不必要的牵拉、刮蹭安全隐患，童装图案纹样多应用数码喷印花、发泡胶、胶浆等技术实现图案设计，也可以花边、亮片绣、材质拼接等工艺的综合技术的使用（图3-60、图3-61）。

图3-60　童装图案细节及图案面料表现

图3-61　经典图案或企业LOGO表现图案应用变化的符号、色彩搭配体现童装特点

三、具体设计过程

童装的设计过程与成人各品类服装环节一致，只是需要设计师在配色方向上，既要突显服装的风格特征，又要符合青少年、儿童受众群的社会形象。图案设计上要围绕服装主题，选择有正面引导作用、有美好健康形象的内容来设计使用。面料选择上除了选择新奇、特殊的材质外，尤其要满足未成年人穿用生理、生活需要，其中服装耐磨、耐洗性的把握是设计师贴心又人性化的表现（图3-62~图3-64）。

图3-62　"童趣"灵感素材　　　图3-63　"童趣"色彩采集　　　图3-64　"童趣"效果图绘制

本章小结

本章属于服饰色彩与图案设计的综合应用篇，对于各类休闲装、职业装、礼服及童装的款式特征、配色特点、图案设计及工艺表现均有较为深入的介绍。旨在帮助学生了解服饰色彩与图案设计，在整个服装设计环节中的位置。更借助具体的案例介绍，使学生掌握了不同品类的服装设计过程中，如何围绕服装的主题风格进行服饰色彩与图案设计的搭配选择、题材布置、工艺实现等更为具体的实操技能。使学生从基础理论知识到综合技能运用的实践能力得以提升。

思考与练习

1.收集有明显休闲装、职业装、礼服与童装特征的服装各一款，结合款式风格特征对其服饰色彩设计与图案设计应用进行具体的分析整理（图片、文字总结形式）。

2.设计一专题系列服装，通过服饰色彩的设计，体现服装的整体系列感（尺寸：30cm×50cm）。

3.选择一组图案设计纹样，通过服饰图案的细节设计应用，体现服装的系列感（尺寸：30cm×50cm）。

4.设计一组服装，分别应用当季流行色彩与流行图案表现（尺寸：30cm×50cm，手绘表现或电脑绘制均可）。

赏析——

赏析篇：服装色彩与图案设计作品赏析

课题名称： 服装色彩与图案设计作品赏析

课题内容： 1. 案例一　创意针织服装设计——对比色的设计应用

2. 案例二　创意休闲装系列设计——系列设计中的色彩均衡

3. 案例三　创意女装系列设计——色彩的心理效应

4. 案例四　创意女装系列设计——无彩色系与图案

5. 案例五　婚纱礼服设计

6. 案例六　少数民族元素在设计中的应用

课题时间： 4课时

训练目的： 从服装服饰设计专业角度，向学生讲授在创作过程中，如何从某一特定主题发现并展开设计创思。从广泛而深入的调研入手，在设计过程中，廓形、肌理、色彩、细节、印花和装饰着手推进设计执行。传递了设计师应具备的关注生活，通过作品表达内心感受的能力。

教学方式： 要求多媒体课件与优秀图片及学生作业联合方式教学，理论联系实际。

教学要求： 教师整体分析案例4课时。

学习重点： 色彩与图案设计在服装设计实践过程中的多手法。

第四章　赏析篇：服装色彩与图案设计作品赏析

案例一　创意针织服装设计——对比色的设计应用

在机械化生产的背景下，消费时代的沸腾，使得整个服装产业不断推陈出新。文化思潮的活跃，对服装服饰设计流行趋势的时尚性与艺术性产生了巨大的影响。社会流行的诸多小众服饰风格风尚，在满足大众追求天真纯洁的情感诉求下，激发设计师运用创意设计手法，把握色彩流行趋势，运用针织纤维工艺技术进行创意服装的设计表达，着重表现服装材质表面的肌理效果（图4-1~图4-10）。

撞色、对比色应用成了本次设计师表达"自信与活力，活出自己的个性，张扬自己的气魄"这一主题的不二选择。色差大的颜色搭配或拼接在一起，这种风格给人的感觉很强烈。有的设计师选择大范围撞色，也有设计师采用小色块部位的撞色。无论哪种比重搭配，只要注意围绕主题风格，都可以把这种感觉发挥得淋漓尽致，具有强烈效果和富于亮点。

创意服装设计，在设计过程中集中表达了设计师个人的风格传递。该组服装设计从编织工艺技术表现入手，根据主题提取自然形态，展开纹样肌理和细节元素的设计应用。注

图4-1　素材采集——调研设计背景及设计分析

重服装材质表面肌理的视觉、触觉效果的运用。色彩设计选择具活力的蓝色系与橘红色系的撞色，强烈的色彩效果充满青春、年轻的气息。既符合设计主题，又紧跟国际色彩流行趋势。设计细节紧扣主题，款式样式丰富多样，创意感足。通过针织创意服装设计作品展现了个性化服装的自由性，向人们呈现了小众服装风格的个性特点。

图4-2　设计定位——图样收集，注重纤维编织在服装中的应用，视感肌理和触感肌理效果强烈

图4-3　设计定位——灵感采集，选用自然形态丰富的蘑菇获取灵感素材

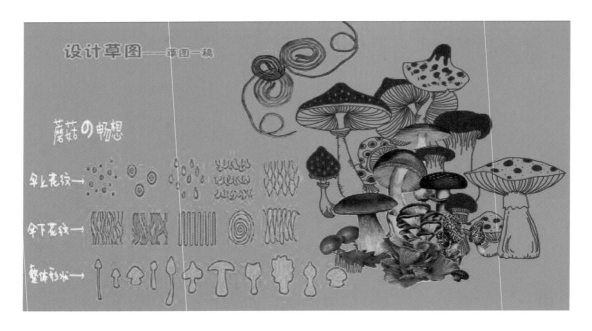

图4-4　设计主题——设计纹样提取

图4-5　设计草图（一）

图4-6　设计草图（二）

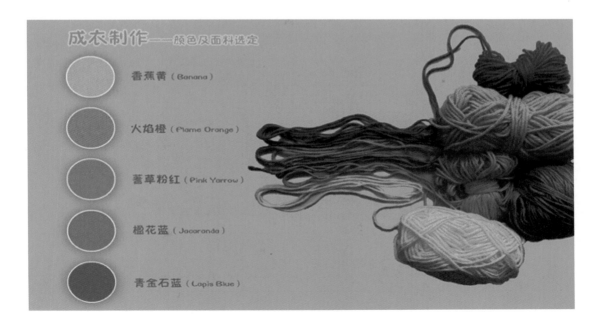

图4-7　设计色彩及材质选择

图4-8　设计主题——设计效果图

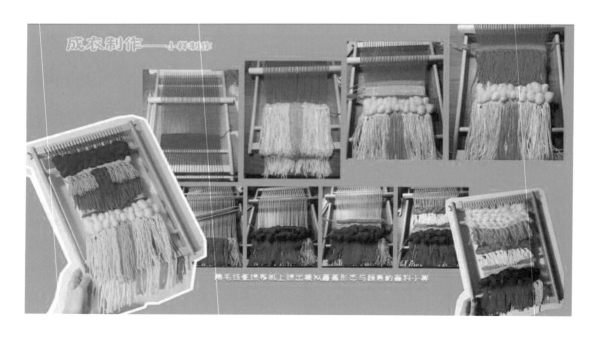

图4-9　设计工艺实践——纱线染色、衣片编织制作

图4-10　设计成衣——成衣效果展示（设计师：沈文馨　指导教师：赵亚杰）

案例二　创意休闲装系列设计——系列设计中的色彩均衡

　　系列设计是指在造型活动中，用相关、相近的设计元素，去完成组合成套系的整体设计方案，使作品系列化。系列化的作品或产品能为消费者提供更丰富的选择，整组的、有秩序的产品也容易给人留下更深刻的印象。"休闲"一词在时装上覆盖的范围很广，日常穿着的便装、运动装、家居装，或把正装稍做改进的"休闲风格的时装"。休闲装，生活中的便装，是人们在无拘无束、自由自在的休闲生活中穿着的服装，将简洁自然的风貌展示在人前。总之，凡有别于严谨、庄重服装的，都可称为休闲装。休闲服装有前卫休闲、运动休闲、浪漫休闲、古典休闲、民俗休闲和乡村休闲等风格特点。该设计案例，属于前卫休闲装设计。

　　主题设计背景介绍：人们的穿着总是被各种各样的规矩、条框所束缚，固有的思想使得很多人不敢尝试自己很感兴趣的款式或配饰。不过，随着近两年时尚界的设计师与造型师的头脑风暴，越来越多新鲜的元素进入大众的生活。这样大胆自由的装扮方式，激发了年轻设计师的欣赏与兴趣，同时希望在自己的设计中展现出个性与创新的样貌。

　　设计主题诠释：通过对电影《低俗小说》与服饰设计要素的研究与调研，从文献查阅到设计实践，从初期对《低俗小说》这部电影进行分析，到将电影艺术与服饰设计这两个不同的领域相结合，而后碰撞出更加有趣的思考方式和服饰设计方法。同时，希望发挥这种个性且有趣的着装方式可以感染更多的人，让大家突破固有思维，更加自由、随性地装扮自己。该组设计作品，设计师以前卫休闲春夏女装系列为模拟命题，侧重实践了图案纹样设计与色块拼接技术在休闲装系列设计应用中的课题（图4-11~图4-15）。

图4-11　设计工作流程介绍

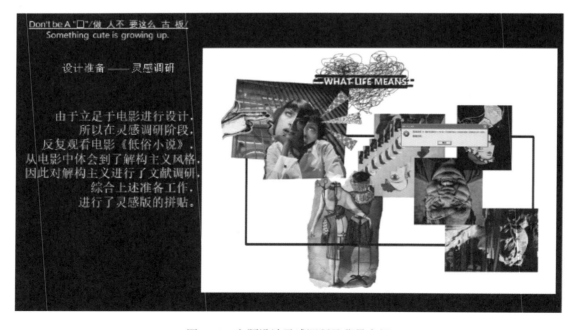

图4-12　主题设计灵感调研及背景介绍

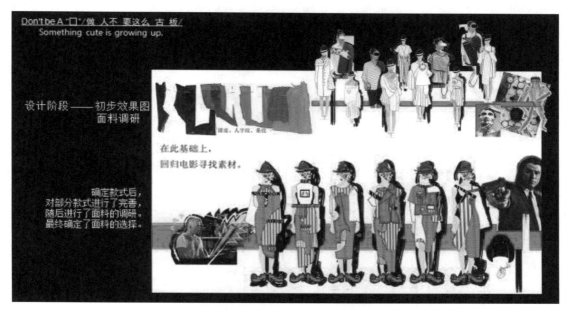

图4-13 主题设计草图、设计色彩应用及面料小样展示

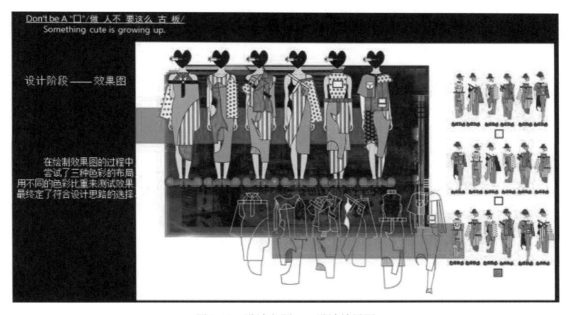

图4-14 设计主题——设计效果图

结合设计主题，设计师为了突显主题带给观者的强烈的画面视觉感受，采用合理利用透明度、饱和度与色相的反差，黑色、白色加高饱和度红色的搭配。能够让人印象深刻，应用过程中注意结合面料显色特征，来平衡色彩的强弱反差及舒适度。以舒适明快感受为主，避免给人紧张专注的过强反差。注意各色调比重平衡，主色调占60%，辅助色占30%，以衬托主色调。注重运用色彩及图案，提升服装效果的灵动性与层次感。纯度高，

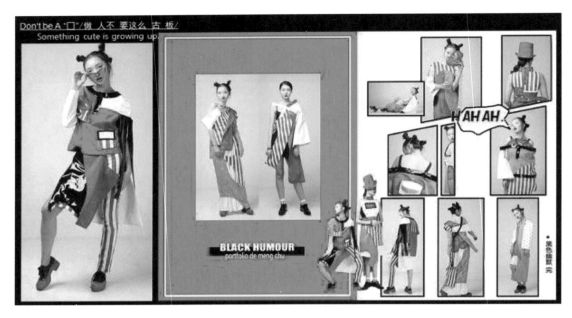

图4-15　设计成衣——成衣效果展示（设计师：褚萌　指导教师：赵亚杰）

色彩清晰活泼，冲突性更强。

　　该系列设计以一组图案元素为核心设计点，将其扩大延伸至一组产品当中，使该组产品在风格和谐统一中富有变化。尤其在图案印花的工艺技术实施上做了多种尝试，使休闲装在简单的款式造型下不失内涵。

案例三　创意女装系列设计——色彩的心理效应

　　当色彩作用于人们的视觉器官的时候，必然会出现视觉生理刺激和感受，同时也必将迅速地引起人们的情绪、精神、行为的一系列的心理反应。

　　色彩的心理效应分为单纯性心理效应与间接性心理效应。由色彩的物理性刺激直接导致的某些心理体验，可称为单纯性心理效应，这种效应常常会随着物理性刺激的消失而消失。一旦这种单纯性效应在人们的记忆中造成一种强烈印象时，就会唤起记忆中其他感受，以致形成一连串的心理反应，这种心理效应称为间接性心理效应。

　　色彩的冷暖感、轻重感、兴奋与沉静感、华丽与朴实感，都属于色彩的单纯性心理效应，这些色彩感觉都跟其色彩的基本属性有着密切的关系。

　　该设计系列就借助色彩的联想作用，提取在当今快速的发展的社会环境下，人们为了生活终日的忙碌着，而在这个焦躁的生活环境下，幸福感和安全感也在渐渐地消失。在人们追求更高层次的需求时，潜意识里最大的需求则恰恰是安全感背景条件下。能够获得安全感的方式有很多，服装对人体的保护就是一个方面。衣物对人体的包裹，使得人们通

过被保护的肢体，而在生理上得到"安全感"为灵感来源进行创意服装设计。宽大廓型的
服装对人体的包裹不仅可以保护人们的躯体，以米白色带给人群在心理上给人们带来安全
感，给缺乏安全感的人们带来心理及身体上的满足（图4-16~图4-23）。

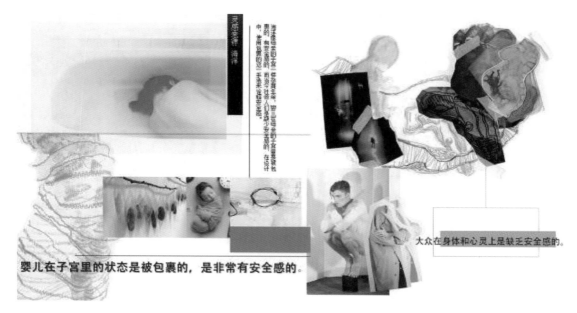

图4-16　设计灵感来源——来自"海洋"自然灵感

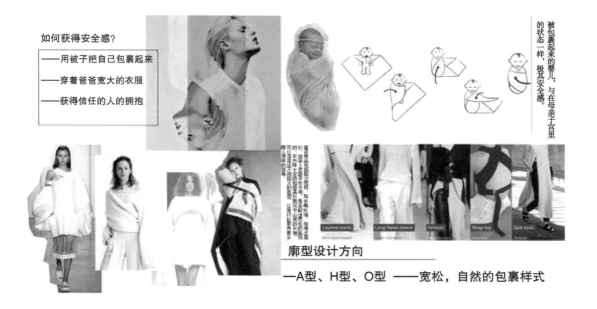

图4-17　服装廓型拆分角度进行设计素材解读

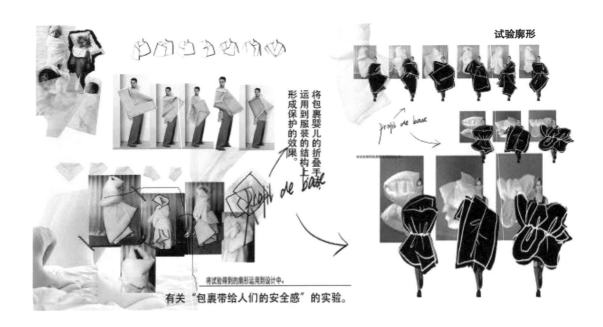

图4-18　服装设计廓型的分析与实验记录

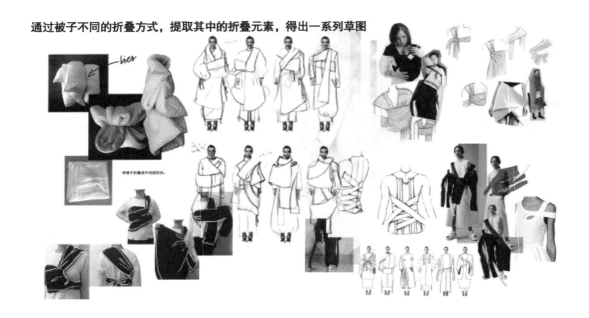

图4-19　服装设计廓型的分析与设计草图联想

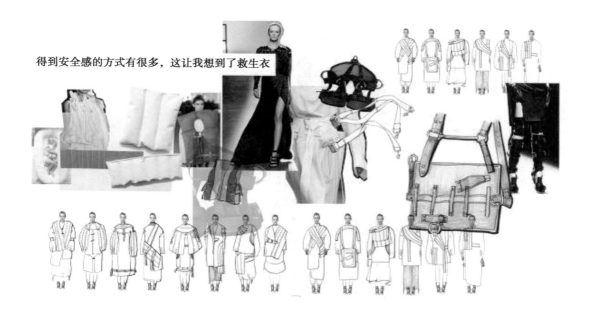

图4-20 服装廓型设计的结构采集分析与款式设计草图联想

图4-21 结合当季流行色趋势，进行设计色彩联想与设计效果图绘制

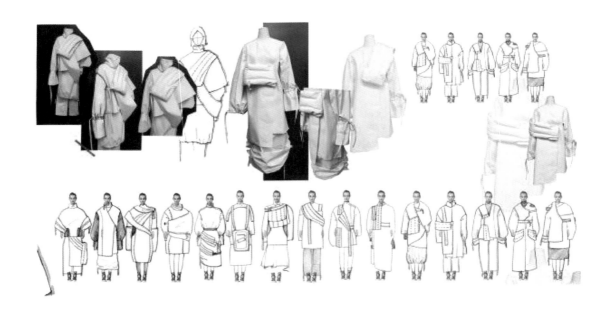

图4-22　设计款式结构图分析与成衣样衣制作

图4-23　设计成衣展示（设计师：米洁　指导教师：赵亚杰）

案例四 创意女装系列设计——无彩色系与图案

　　单一色彩的服装，给人的感觉比较简约，象征语言明显。在创意服装设计中，为了形成强烈的视觉刺激，引起人们的注意，设计师采用将色彩和图案结合表现。无彩色系的单色服装，白色给人的感受是明亮、洁白、凉爽的感觉，应用服装当中表现出优雅、明朗和轻盈。设计师在设计素材整理诠释过程中，将收集到的配色信息以及图案纹样应用到服装的色彩与图案设计中去，使整体服装设计与已知素材配色信息、图案纹样，既有相近似风格，又有独特新颖的创新元素（图4-24~图4-30）。

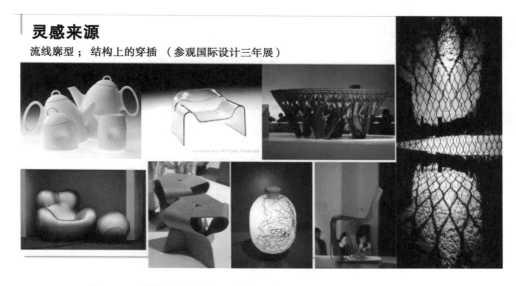

图4-24　设计灵感来源——来自现代艺术设计展览中的当代设计

图4-25　设计思维——创意发散之建筑与工业结构

图4-26　设计思维——创意发散之自然光影与形态

图4-27　设计灵感诠释——设计肌理与结构提取

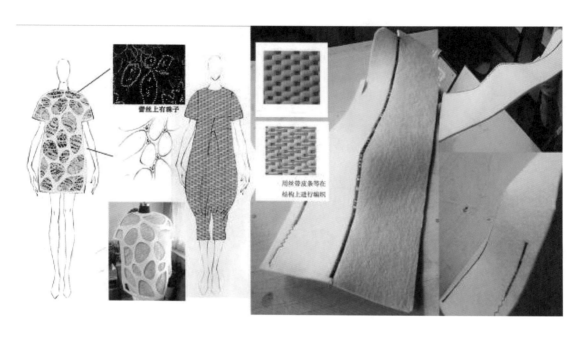

图4-28　设计创思效果图——色彩采集与纹样图案解读（一）

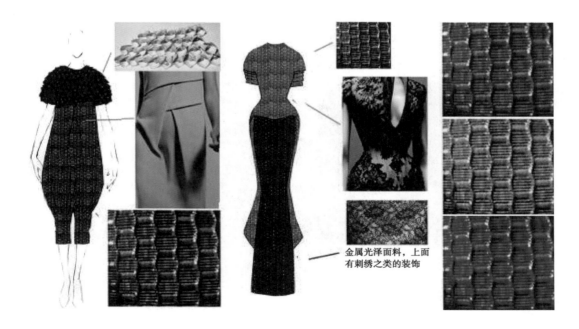

图4-29　设计创思效果图——色彩采集与纹样图案解读（二）

图4-30　设计成衣——大片拍摄（设计师：刘慧颖　指导教师：赵亚杰）

案例五　婚纱礼服设计

　　设计背景：设计师通过信息调研、整理，获取国内外服装设计师将军装造型样式及细节的风格特征多应用在成衣、晚装礼服等方面的流行讯息。意在婚纱礼服设计实践过程中，体验实践该风格。设计师希望通过自己的设计，为人们呈现的是：单纯少女向坚强、自信、独立的成熟女人蜕变的美好历程（图4-31~图4-37）。

图4-31　设计灵感诠释：设计灵感以军装与婚礼服在使用中庄重的气氛为依托

图4-32　设计素材纹样提取及纹样采集变化

图4-33　常用婚纱面辅料调研与选择

　　设计阶段：开启设计灵感诠释，提取军装装饰细节中的麦穗纹样为素材，将军装的坚硬、安全和婚礼服的女性柔美、端庄融为一体，希望展现女性独立、自主又渴望美好安定的一面。

　　依据当季面料流行趋势，进行面料调研与选择，如轻薄透明的蕾丝面料、硬挺通透的欧根纱、斜纹面料等。

图4-34　服装设计草图环节注意细节的表现

图4-35　服装正、背面设计效果图表现

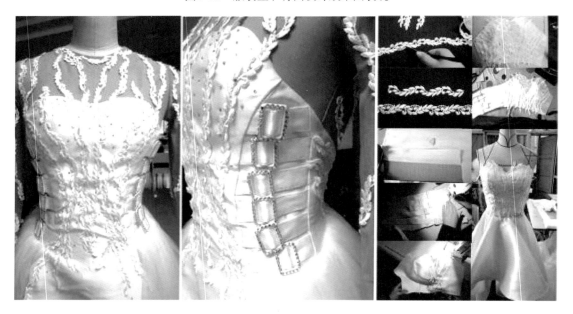

图4-36　设计成衣制作及纹样装饰工艺

图4-37　婚纱礼服成衣展示（设计师：李诗梦　指导教师：赵亚杰）

整个的成衣制作包括：制板、白坯试样阶段、面料缝合、细节装饰阶段及整体调整。

案例六　少数民族元素在设计中的应用

设计背景介绍：在"快时尚"的后遗症——时尚废品的问题下，环保理念的推动下。设计师实地调研中国少数民族传统工艺并进行的创新实验之上，结合现代时尚风格及工艺特征，对现代消费主义、物质至上的社会现象不断反思。推进服装产业可持续发展、推广环保理念及优秀的中国少数民族文化为使命进行的创新设计（图4-38~图4-42）。

图4-38　设计调研——少数民族扎染工艺肌理丰富、表现力强

图4-39　设计细节小样分析与成衣款式设计

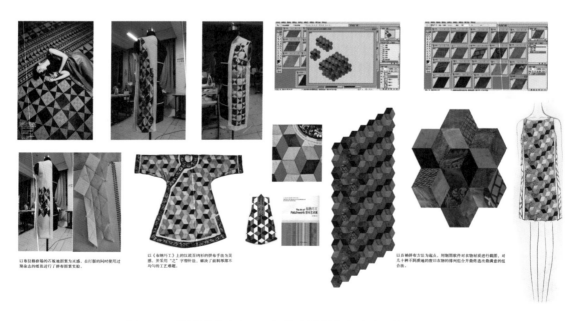

图4-40　设计灵感建立——细节小样制作实验及工艺细节设计

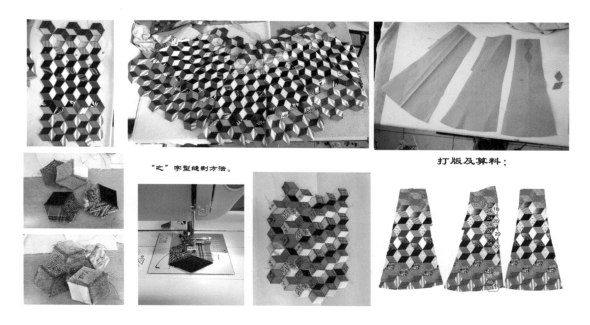

图4-41 设计工艺制板及面料小样缝制

图4-42 设计成衣展示（设计师：骆可馨 指导教师：闫鸿瑛）

整组作品思路清晰、目的明确。设计师在导师的带领下对中国少数民族传统文化技术进行了较为深入的调研，结合当前社会人们追逐时尚、被消费随意的情绪左右的现实问题下，以自身服装设计师的话语权，提出了旧衣改造的环保理念来解决问题的良好诉求。在设计实践过程中，将更多的精力放在作品的各项工艺分析、实验环节，为作品的最终实现做了扎实的基础工作。

本章小结

本章通过多风格、多角度的服装色彩与图案设计案例，展现了设计师从灵感捕捉、素材重构、到设计实践、成品制作各阶段的完整设计过程。多角度向学生传递了设计师应具备的关注生活，通过作品表达内心感受的能力。

思考与练习

调研收集国内外优秀品牌或设计师一组作品，分析其是如何通过服装色彩设计和图案设计反映其题材的。

参考文献

［1］（日）文化服装学院.文化服装讲座：原理篇［M］.范树林，文家琴，译.北京：中国轻工业出版社，2000.

［2］王受之.世界服装史［M］.北京：中国青年出版社，2002.

［3］庞琦著.服装色彩［M］.北京：中国轻工业出版社，2001.

［4］李丽婷.色彩构成［M］.武汉：湖北美术出版社，2001.

［5］余强.服装设计概论［M］.重庆：西南师范大学出版社，2002.

［6］苏石民，包昌法，李青.服装结构设计［M］.北京：中国纺织出版社，2003.

［7］朱秀丽，鲍卫青.服装制作工艺［M］.北京：中国纺织出版社，2003.

［8］贾京生.服饰色彩［M］.3版.北京：高等教育出版社，2004.

［9］徐雯.服饰图案［M］.北京：中国纺织出版社，2007.

［10］常莎娜.花开——常沙娜笔下的花卉之美［M］.北京：中国青年出版社，2019.

［11］程十发艺术馆.雷圭元图案艺术论［M］.上海：上海文化出版社，2016.

［12］崔唯，庞琦.服装色彩设计［M］.北京：中国青年出版社，2008.

［13］邢清辽，廖小丽.服装色彩设计［M］.北京：高等教育出版社，2010.

［14］黄元庆.服装色彩学［M］.5版.北京：中国纺织出版社，2010.

［15］金玉，侯东昱.服饰图案设计与应用［M］.北京：北京理工大学出版社，2010.

［16］程悦杰.服装色彩创意设计［M］.2版.上海：东华大学出版社，2011.

［17］陈彬.服装色彩设计［M］.上海：东华大学出版社，2007.

［18］服装北京市技术转移中心，北京服装学院.TRANSTREND 08潮流报告，女装流行［M］.北京：中国纺织出版社，2007.